L'ANTIMICROSHÉLIOLOGUE

OU

LE SOLEIL ET L'UNIVERS

EN MINIATURE

de M. l'abbé P. Matalène

RÉTABLIS DANS LEUR IMMENSITÉ RÉELLE

PAR

C. LEMOINE

(DE SAINT-SYMPHORIEN-DE-LAY)

Felix qui potuit rerum cognoscere causas.
VIRGILE.

Heureux le sage instruit des lois de la nature.
DELILLE.

PARIS

E. DENTU, LIBRAIRE-ÉDITEUR

PALAIS-ROYAL, 13, GALERIE VITRÉE

1854

L'ANTIMICROSHÉLIOLOGUE

OU

LE CONTRE-ANTI-COPERNIC

PARIS. — TYP. SIMON RAÇON ET Ce, RUE D'ERFURTH, 1.

L'ANTIMICROSHÉLIOLOGUE

OU

LE SOLEIL ET L'UNIVERS

EN MINIATURE

de M. l'abbé P. Mataléne

RÉTABLIS DANS LEUR IMMENSITÉ RÉELLE

PAR

C. LEMOINE

(DE SAINT-SYMPHORIEN DE LAY)

Felix qui potuit rerum cognoscere causas.
VIRGILE.

Heureux le sage instruit des lois de la nature.
DELILLE.

PARIS
E. DENTU, LIBRAIRE-ÉDITEUR
PALAIS-ROYAL, 13, GALERIE VITRÉE

1854

AVANT-PROPOS DÉDICATOIRE

Le 27 février 1845, en parcourant le feuilleton de la *Nation*, sur l'*Ultramontanisme ou l'Église romaine et la société moderne*, par M. Edgard Quinet, je remarquai le passage suivant : « Il y a de par le monde un respectable abbé qui a fait l'*Anti-Copernic*, dans lequel il veut prouver que les astronomes ont trompé l'univers en faisant tourner la terre sur elle-même et autour du soleil, et en réduisant à un système harmonique et complet l'ensemble des révolutions planétaires. Croyez-vous que M. Arago s'en soit ému dans son Observatoire ; qu'il ait fait à l'Académie et dans ses leçons d'amères diatribes contre l'auteur de l'*Anti-Corpernic*? Il en aura ri certainement, d'autant plus qu'il ne s'agit pas d'être brûlé si l'on est pour ou contre Galilée et Copernic. M. Edgard Quinet devrait bien en faire autant pour ce qui concerne les antigallicans. Cela égayerait un peu ses leçons de langues méridionales. »

Depuis la lecture de ces quelques lignes, je fis tous mes efforts pour me procurer un exemplaire de l'*Anti-Copernic*, sans pouvoir y parvenir. Cependant ma curiosité était si vivement excitée, et mon désir si ardent de connaître cet ouvrage qui avait un titre aussi audacieux, que je ne voulus pas abandonner mes actives recherches, et qu'enfin j'eus le bonheur d'en trouver un exemplaire sur l'étalage d'un bouquiniste il y a quelques mois seulement.

Je le tiens donc ce livre! Il est peu volumineux il est vrai; mais il est grand, original et bizarre par ses prétentions de réforme astronomique. A en juger par son millésime, ce curieux ouvrage fut mis en vente, dans le courant de l'année 1842, à Paris, ce vaste et resplendissant foyer de l'intelligence humaine. Comment se fait-il alors que je n'aie connu son existence que par l'effet du basard? L'auteur de cet opuscule, timide et tremblant sans doute à cause de la hardiesse même de ses propositions, n'osa peut-être pas employer pour sa publication les moyens ordinairement usités en librairie. Était-ce pudeur? était-ce modestie? je l'ignore : toujours est-il que le titre de cet ouvrage fixa entièrement mon attention ; je le lus attentivement, et, à chaque mot, il m'était impossible de réprimer l'envie de rire que provoquait en moi cette lecture, dont voici l'exacte reproduction :

« Astrométrie nouvelle, suivie de plusieurs problèmes « par lesquels il est prouvé, de la manière la plus claire, « que les systèmes de Ptolémée et de Copernic sont « également faux ; que le soleil n'a pas un mètre de « diamètre, que l'étoile de Vénus n'est pas si grosse « qu'une orange ; que la terre est plus grande que tous « les corps célestes réunis en masse ; qu'elle n'a que le « mouvement diurne; qu'elle occupe le centre du sys- « tème planétaire et des espaces, etc., etc.; dédiée à « toutes les sociétés astronomiques, par l'abbé P. Mata- « léne; » avec cette épigraphe empruntée à Voltaire :

« Mais... qui peut nous plaire, que celui qui est de notre « avis? »

J'étais, je vous assure, honteux pour l'auteur qui n'avait pas craint de publier un ouvrage ayant un titre aussi emphatique, et qui faisait supposer chez lui des idées bien rétrogrades. Tout d'abord je pensai que c'était une simple plaisanterie, et qu'il ne pouvait y avoir rien de sérieux dans cette brochure. Mais, après en avoir pris rapidement connaissance, je fus confirmé dans l'opinion que la lecture seule du titre m'avait fait concevoir; car l'*Anti-Copernic* est un véritable tissu d'absurdités, un ridicule système cosmogonique, une espèce de pamphlet *quasi-scientifique*, en un mot, où l'auteur manifeste évidemment le désir de faire parler de lui *quand même*[1].

Mon libraire en plein vent, s'apercevant de mon sourire sardonique, me dit qu'il croyait en deviner la cause, parce que lui-même, lorsqu'il vit pour la première fois l'affiche de l'*Anti-Copernic* placardée aux vitres du magasin de son libraire-éditeur, il fut saisi d'une hilarité semblable à la mienne. « Je fis l'acquisition d'un exemplaire de cet ouvrage, ajouta-t-il; le même que je vous vends aujourd'hui, et que j'ai en ma possession depuis plus de dix ans. Ma première intention fut de le réfuter; puis ensuite je l'en jugeai indigne, tant il choquait le simple bon sens, et je ne m'en occupai plus. Je l'avais complétement oublié, lorsque, ayant eu occasion de passer de nouveau devant la boutique du même libraire, je vis

[1] Si ce désir est répréhensible, on l'en absoudra facilement, et même on lui en devra de la reconnaissance, en considérant que, par son bon vouloir, la terre, que nous avons le bonheur d'habiter, est gratifiée de la première place parmi les sphères innombrables qui composent l'univers; car, l'homme étant le maître de la terre, il est évident, selon M. l'abbé P. Matalène, que tout ce qui l'entoure n'a été créé que pour lui seul. Notre orgueil humain doit donc en être satisfait.

encore la même affiche, mais augmentée d'un petit nota ainsi conçu : « L'éditeur rend le prix coûtant, donne « l'ouvrage et une prime de 50 francs, au premier ache- « teur qui, mathématiquement et par écrit, démontrera « que les bases et les calculs de l'auteur pour justifier « ce qu'il avance sont essentiellement faux et incapables « de conduire à la connaissance de la grosseur et de la « distance des astres. »

D'après le dire de mon bouquiniste, je conjecturai que M. l'abbé P. Maténe, auteur de l'*Anti-Copernic*, n'avait pas produit, contre son attente, beaucoup de sensation dans le monde savant, et que, contrarié de cet échec, il avait jeté le gant en désespoir de cause. Je me déterminai alors à entreprendre une réfutation de l'*Astrométrie nouvelle*, non pas, comme on pourrait le croire, pour concourir et essayer d'obtenir la prime *attrayante* offerte par le nota dérisoire dont le bouquiniste m'avait parlé, mais bien pour prouver à M. Maténe, et à tous ceux qui pensent comme lui, l'absurdité son système uranographique. Je ne veux pas lui faire l'injure de croire que c'est l'expression de sa conviction ; car, s'il en était ainsi, je le plaindrais sincèrement : en notre temps, et dans sa position sociale, il est si facile de dissiper l'ignorance, à moins d'être de mauvaise foi.

M. Maténe ne s'abuse pas sans doute au point de croire que les gens sensés partageront son opinion burlesque sur la construction de l'univers ; qu'il ne se fasse pas illusion, et qu'il se persuade bien, surtout, qu'il sera seul *Anti-Copernic*, et que son ouvrage, dont il n'a été fait aucune contrefaçon, comme il semblait l'appréhender, deviendra l'objet de la raillerie de tous ceux qui le liront, pourvu qu'ils aient quelques notions d'astronomie.

Bien des opinions divergentes surgissent sans cesse

parmi les ignorants sur la nature du soleil et sur sa grosseur réelle ; mais ces opinions ne sont qu'éphémères : elles naissent et meurent presque aussitôt, parce qu'elles ne sont pas formulées, et qu'elles n'ont pas, pour ainsi parler, pris corps en se systématisant. Il était réservé à l'année 1842 de voir une de ces opinions se manifester d'une manière *vigoureuse* et *mathématique*, selon son auteur. Il est pénible de penser qu'un homme qui se pique de science ait eu le courage de divaguer de la sorte et de soutenir de telles niaiseries : « Le soleil a *un mètre de diamètre*, dit-il, et Vénus est grosse comme une *bille de billard!* » C'est pitoyable. Dans la conversation familière, il est permis d'être absurde ; mais oser faire imprimer de pareilles sottises en fait de science, c'est intolérable.

Il importe donc plus qu'on ne pense de détruire l'effet que pourrait produire la lecture de l'opuscule de M. l'abbé P. Matalène sur l'imagination de ceux qui n'observent rien par eux-mêmes : leurs préjugés, déjà si vivaces et si difficiles à extirper, se fortifieraient encore par les ridicules appréciations astrométriques de l'*Anti-Copernic*, parce qu'il est dans la nature des esprits étroits de saisir avec avidité tout ce qui corrobore et légitime leurs croyances, surtout quand ils sont convaincus que la source en est sacrée. M. P. Matalène leur plaira sans aucun doute, car il fortifie leur opinion. Ainsi se trouverait réalisée l'épigraphe de son livre : « Mais... « qui peut nous plaire, que celui qui est de notre avis ? »

Voilà pourquoi j'essayai de le réfuter, non-seulement sous le rapport de ses idées astronomiques, mais encore, et principalement, sous celui de ses croyances en la géogonie de Moïse, dont il donne le résumé au commencement de sa brochure, comme étant sa profession de foi ;

1.

ce qui fait bien augurer en faveur d'un système scientifique comme celui développé dans son *Anti-Copernic*.

Quant au petit nota apposé sur l'affiche annonçant son ouvrage et dont m'avait parlé mon bouquiniste, il n'était qu'un moyen de provocation, nouveau genre de rouerie industrielle, pour attirer des acheteurs, qui ne semblaient pas être très-nombreux, et pour exciter la critique à parler de son *Anti-Copernic*, n'importe de quelle manière, preuve de ce que je dis plus haut, que son désir le plus ardent était de faire parler de lui. Son petit nota était donc, comme son *Astrométrie nouvelle*, une véritable mystification, et qui ne produisit aucun résultat, que je sache, pas même la plus petite réfutation; quant à moi, j'avoue que je ne pus rester muet et impassible en relisant l'*Anti-Copernic*.

J'intitulai ma réfutation l'*Antimicroshéliologue*[1], titre qui fait allusion à la petitesse du soleil de M. l'abbé Matalène.

Loin d'être l'apologie de son système astrométrique, il est au contraire une critique sérieuse de ses opinions cosmogoniques, basées non sur l'observation et l'analyse des faits, mais sur la géogonie de Moïse, qui n'est plus au niveau des connaissances acquises depuis son époque.

Déjà plus de onze années se sont écoulées depuis l'apparition du livre étrange de M. Matalène; mais il n'est jamais trop tard lorsqu'il s'agit de dissiper l'erreur et d'ébranler l'aveugle croyance, quelle que soit leur nature.

Personne n'ayant jugé à propos de relever d'aussi grandes absurdités que celles accumulées dans l'*Anti-Co-*

[1] *Anti* (ἀντι), contre; *micros* (μίκρὸς), petit; *hélios* (ἥλιος), soleil; *logos* (λόγος), discours.

pernic, je me décide enfin à faire paraître mon *Anti-microshéliologue*, non pas que je le juge indispensable et nécessaire pour faire apercevoir les nombreuses erreurs de M. Mataléne relativement à la formation du monde : ces erreurs sont trop saillantes, trop palpables, pour qu'aucun lecteur s'y méprenne ; mais bien parce que je suis convaincu que ma réfutation, renfermant beaucoup de passages extraits de Buffon, sur le sujet qui nous occupe, pourra offrir quelque attrait à la classe la plus nombreuse, la classe ouvrière, à laquelle, en effet, je la dédie ; car la plus grande partie de cette classe active devient studieuse et se complaît à la lecture même des sujets les plus sérieux, désireuse qu'elle est d'apprendre et de connaître. Malgré les labeurs pénibles et sans cesse renaissants qu'exigent les soins impérieux de la vie matérielle ; malgré les devoirs que son état, quel qu'il soit, l'oblige de rendre à la société, cette classe utile et probe trouve encore le loisir de se livrer à l'instruction et aux plaisirs que fait goûter le développement de l'intelligence, cette puissance presque divine qui réhabilite les ouvriers à leurs propres yeux, en leur prouvant, par la contemplation de l'univers entier, que Dieu est le premier des travailleurs, l'ouvrier par excellence, le producteur inépuisable et incessant, le bienfaiteur éternel, et que l'imiter, c'est l'adorer[1].

[1] Je cite avec plaisir, comme ayant beaucoup d'analogie avec mon idée, ces quelques beaux vers empruntés à la *Démocratie* :

Prier, écoutez-moi, Dieu parle par ma bouche,
Prier, c'est féconder un stérile terrain,
C'est brunir au soleil en desséchant la couche
D'un marais empesté qu'on transforme en jardin ;
Prier, c'est reboiser la montagne infertile,
C'est dresser la barrière au fleuve destructeur,

M. l'abbé P. Matalène a dédié son *Anti-Copernic* à toutes les sociétés astronomiques, non par une dédicace particulière, mais par une seule ligne placée au bas de son titre prétentieux. Moi, je consacre mon *Antimicros-héliologue* à tous ceux qui font usage de leur intelligence pour s'élever vers l'auteur des merveilles de la création ; à tous ceux qui ne peuvent demeurer indifférents à la vue des phénomènes qui à chaque instant se renouvellent dans l'univers, et qui, par l'effet de l'habitude, passent inaperçus. C'est en étudiant la nature, en cherchant à pénétrer ses secrets, que l'homme se rend digne de conserver la place qu'il occupe au faîte de l'échelle animale, place qu'il doit conquérir par la perfection de son être ; car, sans connaissances acquises, il descend au rang de la brute, et quelquefois même au-dessous d'elle.

Puisse la lecture de mon *Antimicroshéliologue* faire

C'est creuser un égout, assainir une ville,
C'est ouvrir l'atelier au pauvre travailleur.

Prier, c'est découvrir de sublimes mystères,
C'est mesurer l'espace et peser le soleil ;
Prier, c'est éviter les erreurs de nos pères,
C'est aimer la justice et hâter son réveil ;
Prier, c'est regarder en face l'imposture,
C'est démasquer le fourbe, étouffer les forfaits ;
Prier, c'est écouter la voix de la nature,
C'est dévoiler ses lois, proclamer ses bienfaits.

Eh ! pourquoi, répondez, pourquoi la Providence
Nous a-t-elle dotés de membres vigoureux ?
Dans quel but avons-nous reçu l'intelligence,
Un esprit indomptable, un front audacieux ?
Afin que le travail produisît la richesse,
Afin que le plaisir payât le travailleur,
Afin que la raison enfantât la sagesse,
Et que la liberté nous guidât au bonheur.

naître le désir et le besoin d'étudier, besoin et désir si faciles à satisfaire! Si ce but est atteint, s'il en résulte quelques améliorations dans la manière de diriger la raison humaine vers ses hautes destinées, je me considérerai comme heureux d'y avoir participé par ma réfutation de l'*Anti-Copernic*[1].

Ce 16 avril 1853.

[1] Dans le feuilleton de la *Presse* du 1er janvier 1854, je trouvai le fait suivant, signalé par M. Jean Czinski, et extrait de l'*Album de la Société des gens de lettres*, par M. Charles Monselet, qui a cru devoir lui donner toute la publicité qu'il mérite, pensant que ces quelques lignes iraient jusqu'en Prusse y ouvrir les yeux sur une question qui est à la fois une question de dignité et d'humanité, puisqu'il s'agit de détruire une prison et de consacrer un monument à l'intelligence :

« Quand tout le monde entier, dit M. J. Czinski, s'incline devant le génie de Kopernik, il se trouve un pays où l'on respecte peu ses souvenirs. La Prusse, par suite du partage de la Pologne, maîtresse des contrées dans lesquelles ce grand astronome élaborait ses immortels travaux, a changé son observatoire en cachot. On n'entend aujourd'hui que les chaînes des condamnés là où cet homme illustre révélait au monde le véritable mécanisme de l'univers entier, l'harmonie et l'unité sidérales. Il serait digne d'une nation éclairée, qui entre dans une nouvelle phase, de réparer cet abus en rendant aux sciences l'édifice qui a reçu une si triste destination. »

Ces nobles paroles, confiées à l'*Album de la Société des gens de lettres*, me rappelèrent qu'en 1842 M. l'abbé Pierre Maталéne avait publié une brochure intitulée l'*Anti-Copernic*, brochure qui me donna l'idée de faire l'*Antimicroshéliologue*, et que j'avais entièrement négligé, n'ayant pu le publier en temps opportun par des circonstances indépendantes de ma volonté.

Aujourd'hui que ces difficultés sont levées, je le livre à l'impression, quoique je n'ignore pas qu'une réfutation n'a de valeur que par l'actualité; mais l'on s'apercevra bientôt que l'*Antimicroshéliologue* est moins une réfutation de l'*Anti-Copernic* de M. Matalène qu'un exposé rapide de diverses hypothèses sur la construction de l'univers, et dont l'*Anti-Copernic* m'a fourni l'occasion.

A

MONSIEUR L'ABBÉ MATALÈNE

ANTI-COPERNIC

Copernic a dit vrai; nous en avons des preuves :
Elles seront toujours convaincantes et neuves;
Quoique corroboré par les travaux nombreux
Des modernes savants qui explorent les cieux,
Il s'est pourtant trouvé, dans notre grande ville,
Un homme assez hardi, d'esprit assez tranquille,
Pour oser avancer que Copernic a tort,
Malgré tous les calculs qui l'ont rendu si fort.
Cet homme dément tout : les faits les plus palpables
Ne sont rien, selon lui, pas même vraisemblables;
Il nie également la gravitation,
Et la loi centrifuge avec l'attraction.
Cet anti-Copernic a fait une brochure
Pleine de contre-sens, que le bon goût censure :
Opuscule innocent, mais très-prétentieux,
Changeant de l'univers le plan ingénieux.
L'auteur de cet ouvrage est l'abbé Matalène :
Il a lancé le gant au centre de l'arène.
J'éprouve le désir, en sévère lecteur,
De réfuter son œuvre, où domine l'erreur.
J'accepte le défi qu'il jette dans la lice,
Et souhaite, en luttant, que ma voix retentisse.

Mataléne, pourquoi, quand tout est en progrès,
Veux-tu rétrograder avec autant d'excès?
Pourquoi donc, sans rougir, à propos de science,
Propager le mensonge, égarer l'ignorance?
Est-ce là ta pensée? est-ce conviction,
Ou pour fixer sur toi des sots l'attention?
Soutenir que la terre est plus volumineuse
Que le brillant soleil, substance lumineuse,
Qui lui donne la vie, et dont chaque élément
Dans notre orbe solaire obtient le mouvement,
Est une absurdité d'autant plus monstrueuse,
Qu'elle émane de toi sous la forme ennuyeuse,
D'un rudiment aride, au style sans pareil,
Qui, pour persuader, provoque le sommeil.
La terre est immobile au centre des espaces :
C'est ce que tu nous dis; pourtant toutes ses faces
(Pardon, ô Galilée !) obtiendront tour à tour,
Sur son axe mouvant, la lumière du jour.
Tu veux que le soleil, voyageant chaque année,
Décrive dans le ciel une ligne inclinée
Autour de notre globe en créant les saisons,
Variant son lever sur tous les horizons.
Pour mieux faciliter ce voyage solaire,
Tu rapproches de nous ce centre de lumière;
Tu le rends si petit, tu le fais si mesquin,
Que je ne sais comment il remplit son destin.
Non, je ne puis penser que l'abbé Mataléne
Ait dit sincèrement : « Un gros soleil me gêne;
« Qu'il devienne petit, et conserve ses feux
« Pour échauffer la terre en éclairant les cieux.
« Dans mon grand univers, de diamètre un mètre
« A sa taille suffit pour qu'il puisse paraitre. »
Et tu prétends prouver tous ces arrangements
Par A égalant B, et autres arguments;
Par triangle et rectangle et par hypoténuse,
Termes aussi puissants, selon toi, que Méduse.

L'absurde ne peut pas, malgré tous ses efforts,
Se frayer un chemin : il manque de ressorts.
Mais ne plaisantons plus : sur un sujet si grave
Avec calme parlons; autrement tout s'aggrave.
Crois-tu, comme tu dis, que les astres nombreux
Dispersés çà et là dans l'étendue des cieux
Ne pourraient égaler, agglomérés ensemble,
Le volume du globe où le sort nous rassemble?
Diminuant ainsi des astres la grandeur,
Quel était donc ton but? De plaire au Créateur?
Je ris de ton erreur ; mon étonnement cesse
Quand je te vois donner le sceptre de maîtresse
A la planète énorme [1] où l'homme croit régner
Sur la création qu'il ose diriger.
C'est par orgueil humain que tu grossis la terre [2],
Et pour te rapprocher du maître du tonnerre!
Tu déprimes son œuvre au lieu de l'admirer;
Cependant ton devoir serait de l'exalter.
Lève les yeux au ciel quand le soleil inonde
De ses vives clartés un petit coin du monde [3] ;
Quelque élevé que soit ce globe radieux,
Son disque éblouissant éclipse de ses feux
Des-soleils comme lui, dont les vastes domaines
S'étendent au delà dans des régions lointaines.
Décrivant autour d'eux des orbes mesurés,
Circulent librement de brûlantes comètes;
D'autres globes obscurs ainsi que nos planètes
Y gravitent aussi pour en être éclairés.
Un pouvoir inconnu meut et soutient en masse
Ces corps volumineux qui roulent dans l'espace.
Dans le vide azuré de l'air universel,
Pour nous, l'astre de feu semble être l'Éternel.

[1] Voir l'*Antimicroshéliologue*, chapitre : *De la grosseur de la terre.*
[2] Voir idem, *Conclusion.*
[3] Voir idem, idem.

Quand l'atmosphère est pure et sans un seul nuage
Qui puisse dérober le soleil dont l'image
De la plaine éthérée embellit la grandeur,
Nous pouvons percevoir l'éclatante splendeur
Du brillant Empirée, ineffable demeure
De celui qui peut tout, qui veut que rien ne meure.
Ce foyer de chaleur toujours resplendissant
Rappelle un Créateur, travailleur incessant.
Le firmament perlé n'est pas ce que l'on pense :
Un beau dôme azuré ; mais un espace immense,
Peuplé, rempli par Dieu de mondes inconnus[1],
Visibles au savant, du sot inaperçus.
Lorsqu'une belle nuit, sereine et diaphane,
Semble inviter l'esprit, même le plus profane,
A promener au ciel un œil explorateur,
L'homme veut pénétrer dans cette profondeur ;
Mais son regard surpris ne peut que contempler
La multiplicité de ces sphères brillantes
Que régissent toujours des lois intelligentes,
Simples et sages lois que nul ne peut changer.
Tous ces points lumineux, qui sont presque invisibles,
L'immense éloignement les rend imperceptibles :
Leur volume est énorme, et leur distance entre eux
Plus grande, peut-être, que de la terre aux cieux !
Néanmoins, à nos yeux, croyance populaire,
Ils semblent se toucher, mais c'est imaginaire,
Un simple effet d'optique, un jeu d'illusion,
Qui se dissipera par l'observation.
Chaque monde est changeant et doit tomber en ruine ;
Dans le grand univers l'éternité domine.
L'éternité, c'est Dieu : il peut entretenir
Ce que l'immensité a peine à contenir.
Merveilles des vieux temps, secrets de la nature,
Suprême Créateur, intelligence pure,

[1] Voir l'*Antimicroshéliologue*, chapitre : *Il n'y a pas qui notre globe qui soit habité.*

Phénomènes cachés, mystères incompris,
L'homme vous a sondés, sa science a tout surpris.
En présence de Dieu, de l'ordre et de sa cause,
Son esprit éperdu admire toute chose,
Et, pénétrant partout, il demeure étonné;
Il sait, il veut savoir : c'est un besoin inné.
Cette volonté noble, il faut la satisfaire;
Quand le cœur est ému, la voix ne peut se taire :
Son langage naïf saura mieux exprimer
Les douces sensations qui nous font tout aimer.
Plaisir délicieux que l'étude procure,
Tu es toujours nouveau, ta source toujours pure!
Qu'est-il besoin de tant de dogmes si diffus,
De préceptes sans fin, de conseils superflus?
C'est en étudiant, en admirant sans cesse
Tous les produits épars de la création,
Que l'âme s'embellit des dons de la sagesse :
L'amour de la nature est sa religion.
Pour plaire au Créateur, soyons et bons et justes :
Aimons, faisons le bien, c'est le meilleur des cultes,
Le culte de raison, le seul digne de l'homme;
Il est loin de celui de l'idolâtre Rome :
Son culte extérieur et superstitieux
Est pour le faux dévot un masque frauduleux.
Lorsque sa mission, mission débonnaire,
Enseigne que chaque homme en l'homme trouve un frère
Au lieu d'élever l'âme et d'éclairer l'esprit,
Il a dégradé l'une, et l'autre, il l'abrutit
Par une aveugle foi, une absurde croyance.
Mais qu'est-ce que la foi? La foi, c'est l'ignorance.
Le vrai religieux aperçoit Dieu dans tout :
Son temple est l'univers et son culte est partout.
L'esprit, en s'éclairant, acquiert de la sagesse,
Le cœur de la bonté, l'âme de la noblesse,
Et dans ces qualités, qui le rendent parfait,
L'homme reconnaîtra de son Dieu le portrait.

Mais loin de mon sujet je vois que je m'égare
Dans une digression inutile et bizarre.
Abbé Matalène, ton livre est décevant;
Il ne nous prouve pas que tu sois un savant.
Tu veux aussi construire un système du monde :
C'est ta prétention, cher abbé, que je fronde.
Tu m'offres le moyen de te dire à mon tour
Ce qu'en géologie on entend par *un jour*[1].
Abjure, il en est temps, l'erreur fort ridicule
Longuement énoncée en ton sot opuscule.
Pourquoi veux-tu railler, en rude goguenard,
Les travaux des savants, toi qui es en retard?
Tâche d'anéantir ton ouvrage stupide :
L'obscurité seule sied à l'auteur aride.
Restitue au soleil ce que tu lui ravis,
Sa grosseur véritable, et sa distance aussi.
Si tu te convertis et deviens raisonnable,
Reconnaissant tes torts, tu seras excusable
D'avoir parodié l'immortel Copernic,
Par toi plus redouté que ne fut Genséric.
Je te pardonne donc ta frayeur puérile,
Parce que, selon moi, elle peut être utile.
Abbé, écoute-moi : *n'astrométrise* plus;
Accueille mes avis, quand tu les auras lus;
Surtout n'imite pas ce fanatique absurde
Lançant à Copernic cette attaque un peu rude :
Qui inspire aussitôt le dégoût, le dédain,
Non pas pour Copernic, mais pour l'ignorantin.
« Infâme nécromant, dont la main téméraire
« De son trône éternel précipite la terre!
« Il n'est point d'anathème, il n'est point d'échafaud,
« Capables de payer tes horribles travaux!
« Impitoyable fils dont l'adresse perfide
« Pour flatter le soleil commet un parricide,

[1] Voir l'*Antimicroshéliologue*, chapitre : *De la Création de tout ce qui existe*

« Tu chercheras en vain à fuir ton jugement ;
« Tu porteras le deuil jusqu'au dernier moment,
« Et le bras de la terre indignement trahie
« Pèsera lourdement sur ta tête d'impie.
« Maudit soit Copernic quand Copernic mourra !
« Hors de son sein la terre alors le vomira,
« Et le ciel, indigné de sa coupable audace,
« Au milieu des démons lui marquera sa place. »
Copernic ne fut point affecté par ces vers :
Un homme comme lui ne craint pas les revers.
Sa belle découverte au siècle dix-neuvième
Est un fait accompli : ce n'est plus un problème.
Mais, crois-le, par toi seul son système est blâmé ;
Et le tien ne sera nulle part proclamé.

C. LEMOINE.

Paris, ce 15 janvier 1854.

L'ANTIMICROSHÉLIOLOGUE

OU

RÉFUTATION DE L'UNIVERS EN MINIATURE

DE M. L'ABBÉ P. MATALÈNE.

CHAPITRE PREMIER.

Il n'y a pas que notre globe qui soit habité.

Quel sublime effort de génie ! oh ! l'étonnante découverte ! Elle nous révèle, à n'en pas douter, que la terre que nous habitons est plus grande que tous les corps célestes réunis en masse ; qu'elle occupe le centre de l'espace sans borne où brillent pendant la nuit les astres scintillants, tous ces *petits* globes lumineux qui composent l'univers ; et que cependant, dans son indolence de reine, notre terre prend la peine de tourner sur elle-même, comme une roue sur son essieu, sans jamais changer de place !

Voilà une idée surprenante, une idée vraiment phénoménale ; il faut se hâter d'en convenir : un cerveau d'élite seul a pu la concevoir, assurément.

M. l'abbé Matalène, le créateur de ce nouveau système, n'a pu néanmoins, malgré les ressources prodigieuses de son esprit, trouver le moyen de conserver l'immobilité complète que Ptolémée assignait à notre globe ; il consent à croire au mouvement de rotation diurne de la terre, parce que ce mouvement facilite son ingénieuse invention, et qu'il ne le gêne et ne le contrarie pas comme celui de translation autour du soleil en un an ; car il aurait été trop absurde de soutenir que le soleil tourne chaque jour autour de la terre pour lui dispenser la lumière, ainsi que l'apparence semble nous le faire supposer.

Afin d'arriver au but qu'il se proposait, M. Mataléne a habilement employé les calculs faits par des hommes d'un mérite éminent, dont cependant il conteste la science ; et il n'a pas dédaigné ces calculs, dont la précision rigoureuse prouve la vérité indubitable : M. l'abbé Mataléne n'a eu qu'à changer les rôles imposés à chacun des globes mis en cause. La terre, la privilégiée du nouvel astronome, a eu tout l'avantage dans ce partage injuste.

Comment l'homme, qui a conquis la possession presque entière de cette terre et qui en est si orgueilleux, reconnaîtra-t-il un tel bienfait ? Que ne lui doit-il pas aussi pour avoir si extraordinairement rapetissé toutes les sphères célestes, conséquence inévitable et nécessaire de son bizarre système?

Pour jouir des différentes saisons, dont nous subissons les douces ou rigoureuses influences, notre globe terrestre n'aura plus la peine de parcourir l'écliptique en 365 jours 5 heures 48 minutes 48 secondes. C'est le soleil qui dorénavant fera ce voyage annuel, cette pérégrination périodique et si régulière : M. Mataléne l'a décidé ainsi. Comment, encore une fois, l'homme lui en prouvera-t-il sa gratitude ? Peut-être par la raillerie.

Et cependant, par la diminution de grosseur de tous les astres, notre terre, si bien favorisée par M. l'abbé Mataléne, n'aura plus à craindre ni bouleversements, ni embrasement, si, par hasard, quelqu'un de ces astres venait à choir sur sa surface; car le prévoyant cosmogone, se méfiant de la puissance divine, a eu soin de leur donner une dimension qui n'est rien moins que redoutable.

Ce défaut de confiance en la sagesse du Tout-Puissant doit fort édifier de la part d'un homme du caractère de M. l'abbé Maталéne ! Quoi ! lui, douter de la force créatrice et conservatrice du Souverain Être, quand, à chaque instant, lorsqu'on ne peut rendre raison d'un fait, on invoque sa mystérieuse intervention; et quand, par contrepartie, on accuse ceux qui cherchent à pénétrer la cause de tout ce qui peut s'expliquer; quand, dis-je, on accuse ces hommes, d'un mérite évident, de nier l'existence d'une cause première! Comment qualifier un tel homme? Je le laisse à penser à tout lecteur attentif de son *Astrométrie nouvelle*.

« Il faut être armé d'un certain courage et avoir une conviction bien robuste, » monsieur Maталéne, comme vous en convenez dans l'avant-propos de votre brochure, pour oser soutenir les absurdités qu'elle renferme. Je ne puis m'imaginer que ce soit de bonne foi que vous ayez publié de telles erreurs sous le nom de vérités. Vous avez éprouvé le besoin de faire parler de vous, et alors vous vous êtes dit : « Faisons, nous aussi, une cosmogonie à notre façon. » C'est-à-dire qu'imbu des impressions de votre première éducation, et pénétré des principes de votre profession actuelle, vous avez fait, comme malgré vous et à votre insu, pour ainsi dire, un mélange bizarre, un amalgame incohérent, un véritable chaos.

Et d'abord, pour établir votre système rétrograde, vous citez la *Genèse* comme autorité; vous l'appelez à votre aide comme argument irréfutable, parce que vous voulez

2

faire croire ce que vous-même ne croyez pas, à savoir que ce livre est émané de Dieu. Mais, monsieur, vous n'ignorez pas, j'aime à le penser, que la *Genèse* procède de Dieu, en ce sens qu'elle est une des nombreuses manifestations de l'intelligence humaine, qui veut se rendre compte du commencement des choses, curiosité naturelle et légitime, et qui rapproche l'homme de son Créateur ; car l'imagination de l'homme a un secret plaisir à pénétrer dans les mystères de la nature : le *pourquoi* et le *comment* de toute chose l'agitent et la travaillent sans cesse ; un besoin irrésistible de l'esprit humain l'entraîne à découvrir les lois invariables de la nature. Cependant la *Genèse*, une des premières expressions de ce désir de connaître, est bien éloignée maintenant des connaissances acquises et accumulées depuis tant de siècles par tant d'observations incessamment renouvelées et toujours nouvelles.

Ainsi donc, monsieur, votre édifice est fort maladroitement étayé : il manque par la base, puisqu'il s'appuie sur une tradition populaire qui s'en rapportait entièrement aux apparences. Mais poursuivons.

Comment se fait-il que vous ayez consenti à croire au mouvement diurne de notre globe ? Ne craigniez-vous pas d'être en contradiction avec la Bible, et de vous exposer aux persécutions qu'éprouva jadis Galilée ? Car vous devez savoir, monsieur, qu'il fut contraint d'abjurer, dans le seizième siècle, devant le tribunal de la *sainte inquisition*, les preuves convaincantes qu'il trouva à l'appui du vrai système du monde découvert par Copernic en 1543. Galilée se rétracta, il est vrai, mais en lui-même il se disait en pensant à la terre : « Et cependant elle tourne ! »

Aussi, malgré ce désaveu, obtenu par la rigueur et la persécution d'hommes exerçant le pouvoir au nom de la sagesse divine et punissant l'un de leurs semblables pour avoir dit ce que cette sagesse elle-même avait fait; malgré ce désaveu, dis-je, obtenu de cette sorte, l'opinion du mouvement diurne de la terre, dont la certitude était déjà démontrée, et qui avait pour se soutenir la conviction des nations et la raison, a-t-elle continué à se développer chaque jour, et s'est-elle établie aussi invinciblement chez tous ceux qui s'en occupent que le fait qui en était l'objet l'était invinciblement dans la nature.

Lorsque l'on veut bouleverser ce qui existe, monsieur, il ne faudrait pas, selon moi, réédifier sur les ruines et employer les mêmes matériaux. C'est ce que vous faites, néanmoins; et encore vous leur donnez des proportions par trop mesquines, vraiment ridicules. Vous avez entassé chiffres sur chiffres : il est vrai que l'on peut tout représenter avec des calculs, mais on ne réalise rien. Vous vous êtes donné bien du mal avec ces calculs, et tout cela, pourquoi? Parce que l'incommensurable immensité des cieux effrayait sans doute votre imagination, et que l'incompréhensible auteur de ces profonds espaces et des mondes innombrables qu'ils contiennent, vous paraissait trop puissant pour pouvoir vous dire vous-même que vous étiez fait à son image; et peut-être aussi parce que, en accordant trop d'étendue au firmament, vous craigniez de ne plus pouvoir rencontrer et atteindre le séjour des bienheureux, votre Paradis, que vous avez placé au-dessus de tous les cieux.

Un globe de feu d'un *mètre de diamètre* voyageant autour d'un autre globe de trois mille lieues de diamètre, qui néanmoins lui présente alternativement ses différentes faces pour en recevoir la lumière. Voilà une merveilleuse idée, monsieur! Et ensuite ces différentes faces, perdant aussi alternativement pour quelques heures la lumière que leur prêtait ce petit globe, rencontrent dans les ténèbres, pour en dissimuler l'horreur, des milliers de lampions semés sur la voûte céleste, comme pour avertir l'homme qu'il y a fête éternelle dans la demeure des élus. Cela est magnifique, sans doute; mais malheureusement cela n'existe en réalité que dans l'imagination des pauvres d'esprit, car *le royaume des cieux est à eux*, et il serait cruel de le leur ravir; cependant cette consolation imaginaire aura son équivalent en la croyance des mondes habités, ce qui fera compensation et rétablira l'équilibre.

Avouez, monsieur, que, par la création de votre soleil microscopique, vous avez eu l'intention de faire rire, et nous conviendrons avec vous que vous avez atteint votre but.

Il est pourtant très-simple de croire que la terre, qui est dans la dépendance du soleil, puisqu'elle ne peut se passer ni de sa chaleur, ni de sa lumière; il est très-simple de croire, dis-je, que la terre tourne sur elle-même et autour de l'astre radieux, mouvements qui ne sont pas inconciliables, quoi que vous en disiez, monsieur. Cela est démontré, vous ne l'ignorez pas; et vous savez aussi qu'étant soumis à ces mouvements nous y participons, sans les sentir et sans même nous en douter [1].

L'empire du soleil est vaste, son volume est énorme;

[1] Ce double mouvement de la masse de la terre, 1° sur son axe, d'occident en orient, dans l'intervalle d'un jour, ce qui nous fait croire que le soleil fait le tour de la terre d'orient en occident dans le même espace de temps; 2° autour du soleil, d'orient en occident, sur un plan incliné à l'équateur dans l'intervalle d'une année, que beaucoup d'esprits ont encore de la peine à concevoir, se présente cependant à nos yeux dans la *toupie* avec laquelle les enfants s'amusent: non-seulement elle tourne avec rapidité sur le morceau de fer qui la traverse, et qui forme son axe, mais elle décrit encore sur le sol des courbes très-variées et qui dépendent de la manière dont elle a été lancée.

vingt planètes lui empruntent la lumière et décrivent autour de lui leurs orbes mesurés[1]. Eh bien, monsieur, cha-

[1] Sur les vingt planètes de notre système solaire, il y en a deux inférieures, c'est-à-dire dont l'orbite est immédiatement avant celle de la terre, et plus près qu'elle par conséquent du soleil, et dix-sept supérieures, ainsi nommées, par opposition, parce que la terre est plus voisine qu'elles du soleil. Dans ce nombre, il y en a douze que l'on appelle *astéroïdes* ou planètes télescopiques.

Nous connaissions depuis longtemps déjà Mercure, Vénus, la Terre, Mars, Vesta, Junon, Cérès, Pallas, Jupiter, Saturne et Uranus.

La douzième planète, appelée *Astrée* par les astronomes, fut découverte, le 8 décembre 1845, par M. Hencke, de Driessen (Prusse). La médaille fondée par M. de Lalande lui a été décernée pour cette découverte.

Une treizième planète a été découverte aux confins de notre système solaire. Son volume est environ 230 fois celui de la terre, et son éloignement du soleil est de 1,250 millions de lieues. C'est M. Leverrier qui en a déterminé la position exacte et le diamètre. M. Galle, astronome de Berlin, auquel M. Leverrier l'avait annoncée, lui écrivit, en date du 25 septembre 1846, que le même jour où il reçut sa lettre, il observa, avec M. Hencke, la planète indiquée.

M. Galle parut vouloir appeler la nouvelle planète *Janus*, d'après des considérations empruntées à l'hypothèse qu'elle serait aux limites de notre système planétaire. Comme il est bon, en pareille matière, de ne pas engager l'avenir, M. Leverrier, à qui revenait évidemment le droit de nommer le nouvel astre, n'accepta pas le nom trop significatif de *Janus*. Il donna, du reste, son adhésion à toute autre désignation qui aurait l'assentiment des astronomes; *Neptune*, par exemple, lui conviendrait.

Le Bureau des longitudes de Paris est tombé d'accord avec les principaux astronomes de l'Europe pour donner le nom de *Neptune* à la planète découverte sur les indications de M. Leverrier. Le signe de cette planète sur les cartes célestes sera un trident.

Une nouvelle planète fut découverte, le 13 août 1847, par M. Hind, dans le groupe des *Astéroïdes*. Chargé par M. Hind de donner un nom à cette planète, M. Leverrier a choisi celui d'*Iris*. M. Leverrier avait donc raison de ne pas vouloir donner le nom de *Janus* à la planète qu'il a découverte.

M. le professeur Kaiser, de Leyde, a découvert (mai 1848) une nouvelle planète, qui fait partie du groupe entre Mars et Jupiter. Cette

que étoile fixe est aussi un soleil donnant, par les lois de l'attraction et de l'impulsion, le mouvement à plus ou moins de corps opaques comme notre terre, et de plus ou moins grandes dimensions, et que leur éloignement ne nous permet pas de voir ; car le soleil est une étoile vue de près comme les étoiles sont des soleils vus de loin.

Calculez, si vous le pouvez, le nombre de ces mondes, et mesurez la profondeur des cieux dans lesquels ils se meuvent à l'aise, sans se nuire mutuellement ; et dites-moi si la contemplation de tant de merveilles n'est pas capable de nous humilier. Et cependant vous rapportez tout à l'homme ; tout ce qui existe, selon vous, a été créé pour lui. Voilà d'où vient l'importance que vous donnez à la terre, notre misérable demeure, à la terre qui n'est qu'un atome dans l'immensité, et à laquelle vous accordez la première place dans l'univers, la place centrale, non-seulement du système solaire, mais encore de tous les autres mondes, qui, selon vous, ne sont que secondaires ; car, dans votre premier paragraphe, troisième question, vous dites, d'après la *Genèse* et l'ignorance orgueilleuse, que « la terre est le plus pesant et le plus volumineux de « tous les corps qui existent ; qu'elle a vu la première le

nouvelle planète forme la neuvième du groupe, et opère sa révolution en trois ans et huit mois.

La médaille de la fondation Lalande a été accordée par l'Académie des sciences, dans sa séance publique annuelle, le 30 janvier 1854, à M. de Gasparis, astronome de l'Observatoire de Naples, et à M. Chacornac, de l'Observatoire de Marseille, qui ont découvert, le même jour, 6 avril 1853, deux nouvelles planètes, qu'ils ont nommées *Thémis* et *Phocéa ;* à M. Luther, astronome de l'Observatoire de Blik, près de Dusseldorf, qui a découvert *Proserpine*, le 5 mai 1853; enfin, à M. Hind, *superintendant du Nautical Almanach*, à qui l'on devait la découverte de sept planètes, et qui a encore trouvé *Thalie*, le 15 décembre 1852, et *Euterpe*, le 8 novembre 1853.

« jour, et qu'il n'y a pas d'apparence ni de raison qui « puissent porter à croire que celle-ci ait cédé sa place à « aucun d'eux au moment de leur formation, qui n'a eu « lieu que postérieurement à la sienne ; qu'ils sont ses « puînés, et qu'ils ne sont venus qu'après, pour en être « l'ornement. »

Vous qui croyez que tous ces corps resplendissants n'ont été créés que pour donner à la terre une tremblante lueur, dérobée très-souvent à nos yeux par les plus petits nuages, vous devez concevoir une idée bien peu relevée de la sagesse divine; car nous recevons plus de lumière de la lune seule, qui est le plus petit des corps célestes, que de toutes les étoiles ensemble.

Osez, monsieur, vous former une image plus vaste de la Divinité.

Page 13 de votre petite brochure, monsieur, vous dites : « On veut rendre raison de tout par les règles de la physi- « que, des mathématiques, de la chimie et de la raison ; « et l'on parvient ainsi à tout embrouiller, à jeter le doute « sur tout. Aussi les objections et les contradictions nais- « sent et s'accumulent sur tout. » Ceci ne vous est-il pas applicable? C'est votre propre condamnation que vous prononcez par ces quelques mots pleins de *logique* et de *bon sens*.

Plus je lis votre *Anti-Copernic*, plus j'y découvre d'absurdités, d'explications ridicules. Dans votre premier paragraphe, vous consentez à admettre l'état de fusion ou de liquéfaction de la terre, et plus loin vous dites que cette machine immense fonctionne régulièrement depuis six mille ans. Il faut absolument ignorer les plus simples notions de physique pour oser avancer de telles erreurs.

Vous montrez autant d'ignorance en astronomie, lorsque, tout en admettant le mouvement diurne de la terre, vous niez son mouvement de translation annuelle autour du soleil ; et cela, parce que l'immensité du cercle que la terre parcourt en un an empêcherait, selon vous, d'observer les cercles décrits par les deux étoiles polaires.

Mais cette objection, monsieur, n'en est une que pour vous, et pour tous ceux qui, comme vous, croient que notre terre est le globe le plus volumineux de l'univers, et je conçois votre difficulté à comprendre son mouvement de translation annuelle, en considérant votre planche VI, figure 12, représentant, d'après vous, la course du soleil. En replaçant le soleil au centre qu'occupe la terre par votre volonté, et remettant la terre à la place que vous assignez au soleil dans cette planche, d'après le cercle qu'elle décrirait, il est évident qu'au lieu d'observer l'étoile polaire toujours au même point du ciel, en hiver comme en été, nous ne pourrons plus la voir lorsque notre hémisphère, à l'heure de minuit, sera en opposition avec elle et le soleil lui-même. Rétablissez l'écliptique telle qu'elle doit être et qu'elle est en effet, c'est-à-dire inclinée de 23° 30' sur l'équateur, la terre alors, dans sa véritable route, en exécutant ses deux mouvements de translation annuelle et de rotation diurne, ne perdra plus de vue cette étoile polaire, qui indique notre nord, malgré l'immense développement de son orbite, parce que l'éloignement de l'étoile polaire (qu'il vous a plu de rapprocher aussi d'une manière excessive, dans votre manie de tout rapetisser), parce que l'éloignement extraordinaire de l'étoile polaire, dis-je, fait que la grandeur de l'écliptique n'est plus qu'un cercle de petite dimension relativement à cette distance énorme, et que nous pouvons toujours nous supposer dans le même centre des cieux, puisque nous avons toujours le même aspect sensible des étoiles, sans aucune altération, ni dans leur grandeur, ni dans leur position ; car, quoique le système solaire ait pour diamètre une étendue prodigieuse, il ne fait néanmoins qu'une très-petite portion des cieux ; de tous les points de l'univers planétaire, c'est-à-dire du soleil, de la terre, et de toutes les autres planètes, le ciel doit paraître le même.

Évidemment, monsieur, vous faites vos observations astronomiques sur des bases trop étroites : c'est de là que découlent toutes vos erreurs, par trop empreintes de déraison, malgré vos verbeux arguments.

Tous vos calculs, bien que spécieux, ne satisfont nullement. Les contradictions abondent dans votre *Anti-Copernic;* c'est ce qui arrive toujours lorsque l'on veut parler de ce que l'on ne connaît pas.

Quoique vous invoquiez le témoignage de Newton, et que vous citiez souvent Voltaire, en disant qu'ils ne sauraient être suspects aux yeux de la science, pensez-vous qu'ils auraient été de votre avis sur votre ridicule système? Vous ne leur faites pas l'outrage de le croire. Au lieu de perdre un temps précieux à lire votre bréviaire ou votre liturgie, vous auriez dû et vous devriez maintenant encore étudier les ouvrages de Gassendi, Cassini, Lalande, Lagrange, Delambre, d'Alembert, Laplace, etc. Vos loisirs seraient beaucoup mieux employés, monsieur ; et, de plus, vous y trouveriez les preuves mathématiques que vous réclamiez par le petit nota apposé sur l'affiche annonçant votre ouvrage. Ces preuves sont plus que suffisantes pour démontrer la fausseté de votre système. Lisez les auteurs que je vous indique, ainsi que les ouvrages de M. Arago sur l'astronomie, et alors vous saurez pourquoi vous ne trouviez aucun critique de votre *Astrométrie nouvelle*, comme l'a prouvé votre nota provocateur qui resta si longtemps placardé aux carreaux du magasin de votre libraire. Les hommes aptes à vous réfuter ont pensé que ce serait perdre leur temps inutilement, et qu'il serait superflu de parler après les auteurs que je viens de nommer.

Ne faites donc pas un crime à l'homme de chercher à connaître la cause de toutes choses ; vous devriez, au contraire, l'en féliciter et l'y exciter, car c'est là la véritable, la seule adoration, celle qui rend l'homme digne de porter ce nom, et qui l'autorise à se croire le chef-d'œuvre de la création terrestre.

Monsieur, si je vous ai ravi votre paradis, en compensation je vous gratifie de la pluralité des mondes, habités comme le nôtre, et où toute noble intelligence aura sa place. Vous ne perdrez pas au change, je m'imagine.

Soyez persuadé, d'après les analogies et les faits, qu'il existe réellement des êtres organisés et sensibles dans tous les corps du système solaire et dans tous les autres corps qui composent les systèmes des autres soleils : ce qui augmente et multiplie presque à l'infini l'étendue de la nature vivante, et élève en même temps le plus grand de tous les monuments à la gloire du Créateur.

« Nest-il pas plus grand, plus digne de l'idée que nous devons avoir du Créateur, de penser que partout il existe des êtres qui peuvent le connaître et célébrer sa gloire, que de dépeupler l'univers, à l'exception de la terre, et de le dépouiller de tous êtres sensibles, en le réduisant à une profonde solitude, où l'on ne trouverait que le désert de l'espace, et les épouvantables masses d'une matière entièrement inanimée? » (Buffon.)

CHAPITRE II.

De la création de tout ce qui existe.

Quant à l'explication de la création du monde consignée dans la *Genèse*, explication que vous semblez adopter, vous conviendrez, monsieur, malgré vos préventions et vos préjugés religieux, qu'elle est bien puérile et qu'elle se ressent de l'enfance de l'homme, quoique admirable pour le temps où elle parut [1].

[1] Moïse, le législateur des Hébreux, ayant été élevé par les prêtres égyptiens, connaissait non-seulement leurs arts, mais aussi leurs doctrines philosophiques. Ses livres nous montrent qu'il avait des notions très-parfaites sur plusieurs des plus hautes questions de la philosophie naturelle. Sa comogonie surtout, considérée sous un point de vue purement scientifique, est extrêmement remarquable, en ce que l'ordre qu'elle assigne aux diverses époques de la création est exactement le même que celui qu'on déduirait des considérations géologiques. Suivant la *Genèse*, après que la terre et le ciel eurent été formés et animés par la lumière, les animaux aquatiques furent créés, puis les plantes, ensuite les animaux terrestres, et enfin l'homme, le dernier de tous. Or c'est là précisément ce que nous enseigne la géologie. Dans les terrains les plus anciennement formés et situés par conséquent le plus profondément, on ne trouve aucuns débris d'êtres organiques : la terre alors était donc sans habitants. A mesure qu'on s'approche des couches superficielles, on voit apparaître d'abord des coquilles et des débris de poissons, puis des restes de grands reptiles, enfin les os des quadrupèdes. Quant aux ossements humains, on n'en trouve que dans les terrains meubles, les cavernes, les fentes des rochers : ce qui montre que l'homme a paru sur la terre après toutes les autres classes d'animaux.

Avec vos opinions absurdes sur la formation de l'univers, il vous semble qu'admettre que le chaos a toujours existé avec Dieu, ne fût-ce même qu'une matière inerte et insensible, c'était rabaisser sa puissance et sa grandeur, et pour lui éviter cette coéternité du chaos, vous supposez qu'il a tiré l'univers du néant. Vous vous appuyez sur la *Genèse*, votre grand cheval de bataille, qui paraît établir que Dieu n'a pas organisé, mais créé : *Que la lumière soit, et la lumière fut.* Mais Moïse lui-même a dit d'abord que les ténèbres étaient sur la face de l'abîme, et que l'esprit de Dieu était porté sur les eaux, ce qui prouve que le mot hébreu que nous traduisons par *créer* signifie seulement *constituer*, *mettre en ordre*.

Dans toutes les cosmogonies (et il y en a une très-grande variété), même dans celle de Moïse, le point de départ fut toujours le même, le chaos, c'est-à-dire l'époque où cet univers, aujourd'hui si brillant, si animé, sommeillait dans la nuit avant d'éclore, comme l'embryon dans le sein de sa mère.

Grâce à nos connaissances actuelles en géologie, connaissances qui s'accroissent chaque jour par de nouvelles découvertes, l'idée du chaos, qui jusqu'à nos jours n'avait reposé que sur des présomptions plus ou moins probables, a été changée en un fait positif et manifeste, dont nous pouvons, pour ainsi dire, calculer les phases et la durée.

« Dans les flancs de la terre, la chaleur, augmentant avec la profondeur, nous a révélé un temps où les feux couvraient sa surface, où nulle vie, nulle organisation, ne pouvaient s'y produire et s'y maintenir. Et parmi ces points lumineux dont la voûte des cieux étincelle, l'œil armé du télescope voit des mondes naître et d'autres mourir. Ces nébulosités qui blanchissent çà et là le sombre aspect du firmament ne sont pas toutes des amas d'étoiles que leur éloignement confond pour nos faibles yeux; plusieurs sont des soleils en germe dont la masse, disséminée encore et sans cohésion, gravite lentement vers le centre déjà plus compacte et plus brillant. Encore quelque millions d'années, et un soleil de plus sera entré dans ces chœurs célestes, suivi de ses phalanges de mondes qu'il inondera de lumière et de vie. Voilà le premier chaos plein d'attente et d'avenir, élaboration de la vie, prélude d'un monde. Mais d'autres régions du ciel nous montrent des astres qui pâlissent et s'éteignent; on a suivi toutes les phases de leur dépérissement, et l'œil effrayé les a perdus dans l'espace. Combien de globes précipités dans la nuit et dans la mort! que de cris de douleur ont poussé ces myriades d'êtres dont le flambeau défaillant était la vie! Et cependant rien ne nous avertissait de ce grand drame, qu'une étincelle de moins dans les cieux! C'est le second chaos, chaos de désespoir et de terreur qui se sent lui-même, qui frissonne de sa destruction croissante; agonie d'un univers, tableau que l'œil le plus ferme ne peut apercevoir.»

Le chaos et la création, monsieur, durent toujours : ils ont fini dans quelques parties de l'espace; ils commencent dans d'autres. Le Tout-Puissant, infatigable travailleur, emploie son éternité à renouveler sans cesse toutes les portions de cet immense spectacle que l'on appelle l'univers. « Si notre vue pouvait saisir à la fois toutes les contrées de notre globe, elle verrait ensemble toutes les heures du jour, toutes les saisons de l'année, et les mille phénomènes qui en résultent. De même, à chaque instant du système universel tout entier, des mondes arrivent à toutes les périodes de la vie. Et, après ce second chaos qui fait leur décrépitude, le même esprit qui les anime y sème encore des germes de vie.» (Dumas, *Encyclopédie des connaissances utiles*, article *Chaos*.)

Page 57 de votre *Anti-Copernic*, vous dites que « nous « sommes condamnés à ignorer éternellement le *pourquoi* « et le *comment* d'une infinité de choses qui sont sous nos « yeux et que nous pouvons toucher, et à plus forte raison « de celles qui sont inaccessibles pour nous, et pour « lesquelles on est forcé d'avouer que Dieu l'a voulu « ainsi. »

Mais, monsieur, qui vous conteste que *Dieu l'ait voulu ainsi?* Tout homme intelligent et curieux de connaître l'explication des divers phénomènes de l'univers, en cherchant à découvrir leur cause, ne cesse d'attribuer à la puissance toujours active de Dieu la force qui met constamment en mouvement les astres les uns autour des autres, mais ce n'est pas à la manière de l'homme ignorant, qui ne voit que miracles dans ce qu'il ne peut définir. Certes, nous serions malheureusement condamnés à ignorer une infinité de choses, si l'on se fût toujours borné à dire : *Dieu l'a voulu ainsi*. Tout ce que nous connaissons par une longue suite d'observations, *Dieu l'a voulu aussi;* et nous ne pensons pas l'avoir offensé en ayant cherché à pénétrer les mystères de la création. L'indifférence pour les œuvres de la nature nous semble plus coupable que cette noble curiosité qui nous porte à tout approfondir pour en trouver la cause. Vous voudriez peut-être qu'il en fût des mystères de la nature universelle comme des mystères de votre métaphysique, auxquels il faut avoir une foi entière sous peine de damnation éternelle. Mais, dans votre doctrine ainsi que dans vos calculs mathématiques, tout est puéril et captieux. Et l'on peut s'écrier avec vous (page 96 de votre brochure) : « O raison humaine, que tu « deviens absurde quand tu t'abandonnes à tes propres « lumières! que tu tombes en de grandes inconséquences « quand tu conçois des idées que tu poses pour des prin-

« cipes ! » Ces paroles ne vous sont-elles pas applicables, monsieur? Qu'en dites-vous?

Il est très-facile de dire que Dieu a créé la terre tout d'un coup dans l'état où les causes physiques et les lois du mouvement l'auraient amenée, et je crois que vous auriez mieux fait de vous en tenir simplement à cette dernière cause, qui dispense de toute recherche et de toutes spéculations, que de donner des explications comme celles que contient votre brochure ; car, en remontant sans cesse aux causes finales, l'impossible devient possible, et l'absurde est intelligible.

Votre résumé de la création rapportée par Moïse est dépourvu de sens, et bon tout au plus à satisfaire les enfants.

« Tout, dans le récit de Moïse (dit Buffon dans les *Époques de la nature*), est mis à la portée de l'intelligence du peuple ; tout y est représenté relativement à l'homme vulgaire, auquel il ne s'agissait pas de démontrer le vrai système du monde, mais qu'il suffisait d'instruire de ce qu'il devait au Créateur, en lui montrant les effets de sa toute-puissance comme autant de bienfaits : les vérités de la nature ne devaient paraître qu'avec le temps, et le souverain Être se les réservait comme le plus sûr moyen de rappeler l'homme à lui, lorsque sa foi, déclinant dans la suite des siècles, serait devenue chancelante; lorsque, éloigné de son origine, il pourrait l'oublier; lorsque enfin, trop accoutumé au spectacle de la nature, il n'en serait plus touché et viendrait à en méconnaître l'auteur. Il était donc nécessaire de raffermir de temps en temps et même d'agrandir l'idée de Dieu dans l'esprit et dans le cœur de l'homme. Or, chaque découverte produit ce grand effet ; chaque nouveau pas que nous faisons dans la nature nous rapproche du Créateur. Une vérité nouvelle est une espèce de miracle, l'effet en est le même, et elle ne diffère du vrai miracle qu'en ce que celui-ci est un coup d'éclat que Dieu frappe immédiatement et rarement, au lieu qu'il se sert de l'homme pour découvrir et manifester les merveilles dont il a rempli le sein de la nature ; et que, comme ces merveilles s'opèrent à tout instant, qu'elles sont exposées de tout temps et pour tous les temps à sa contemplation, Dieu le rappelle incessamment à lui non-seulement par le spectacle actuel, mais encore par le développement successif de ses œuvres. »

Dieu créa l'univers en six jours et se reposa le septième; voilà ce que dit Moïse, l'auteur sacré de la *Genèse*. Le plus jeune de nos petits enfants en est instruit. Mais il s'agit de s'entendre sur la valeur du mot *jours*, que les géologues traduisent par celui d'*époques*, et avec raison, malgré votre doute goguenard. Les faits sont en leur faveur, et vous avez dit vous-même, dans votre *Avant-Propos*, « que « les faits ne peuvent souffrir la plus légère contestation, « et qu'en leur présence on est forcé d'admirer et de se « taire. »

Ainsi, monsieur, d'après ces faits, il s'est écoulé plus de six cents siècles depuis le moment où le Créateur tira du soleil les vingt planètes et leurs satellites qui gravitent autour de lui par des lois invariables. Il a fallu ce long espace de temps à la nature pour construire ses grands ouvrages, pour attiédir la terre, pour en façonner la surface, et arriver à cet état tranquille qui est le septième *jour*, le jour de repos, pour notre monde sublunaire. Vous devez vous apercevoir, monsieur, qu'il n'est question ici que de la création de notre système planétaire, car nous ne pouvons absolument rien préciser pour la création des autres corps célestes, pas plus que pour celle de notre soleil, dont toutes les planètes, sœurs de la terre, sont des fragments :

il a précédé leur existence, puisqu'elles sont sorties de sa masse, qui n'a cependant qu'*un mètre de diamètre*, selon vous. La terre n'est donc pas l'aînée de la création, comme vous le dites dans votre premier paragraphe, troisième question.

Là s'arrête la perspicacité de l'intelligence humaine : la haute antiquité de l'univers est impénétrable, ainsi que l'essence du Créateur nous sera toujours incompréhensible. Notre curiosité échoue en voulant pénétrer ce mystère. L'esprit le plus téméraire reste confondu de ne pouvoir percer plus avant : ses faibles lumières se perdent dans de vaines poursuites, et quoique la hardiesse humaine n'aime pas à demeurer court, puisque où elle ne trouve rien de certain elle invente ; ici, cependant, elle rencontre des barrières infranchissables, et est forcée de reconnaître son impuissance. Mais, quant à ce qui regarde notre globe et le système planétaire dont il fait partie, l'histoire géologique de l'ordre de succession de la création s'accorde avec le récit de la *Genèse*, qui, à n'en plus douter, emploie le mot JOURS pour signifier ÉPOQUES. Création et arrangement de la matière lumineuse, *premier et second jours;* les eaux et les plantes, *troisième jour;* vue des astres permise par l'épuration de l'atmosphère, *quatrième jour ;* les animaux marins, *cinquième jour;* les animaux terrestres et l'homme, *sixième jour*. Nous sommes au septième jour, consacré au repos (selon l'apparence, car la nature et l'univers entier, dont le mécanisme est si merveilleux, paraissent calmes dans leur mouvement régulier et éternel ; mais Dieu, le grand et infatigable travailleur, ne se repose jamais).

CHAPITRE III.

De l'âge de notre globe.

Vous vous plaisez à citer à tout propos Voltaire, le redoutable antagoniste des imposteurs ; vous vous imaginez peut-être, monsieur, donner, par son autorité, plus de créance à votre faux et puéril système. En philosophie, je partage entièrement les opinions de Voltaire : je reconnais l'éminence de son génie, la finesse de son esprit ; mais en physique et en histoire naturelle, n'ayant fait aucune observation, aucune expérience, par conséquent aucune découverte, on ne peut invoquer son appui ; il n'est pas compétent en pareille matière, et je le récuse. Je vous invite, en conséquence, à consulter Buffon, le grand, le savant historien de la nature. Et, pour vous éviter la peine de faire des recherches fatigantes, je vais vous transcrire quelques-unes des nombreuses et belles pages de cet éloquent écrivain, pages qui ont beaucoup de rapport avec le sujet qui nous occupe :

« Comme, dans l'histoire civile (dit-il, *Époques de la nature*), on consulte les titres, on recherche les médailles, on déchiffre les inscriptions antiques, pour déterminer les époques des révolutions humaines, et constater les dates des événements moraux ; de même, dans l'histoire naturelle, il faut fouiller les archives du monde, tirer des entrailles de la terre les vieux monuments, recueillir leurs débris, et rassembler en un corps de preuves tous les indices des changements physiques qui peuvent nous faire remonter aux différents âges de la nature. C'est le seul moyen de fixer quelques points dans l'immensité de l'espace, et de placer un certain nombre de pierres numéraires sur la route éternelle du temps. Le passé est comme la distance ; notre vue y décroît, et s'y perdrait de même, si l'histoire et la chronologie n'eussent placé des fanaux, des flambeaux, aux points les plus obscurs : mais, malgré ces lumières de la tradition écrite, si l'on remonte à quelques siècles, que d'incertitudes dans les faits! que d'erreurs sur les causes des événements! et quelle obscurité profonde n'environne pas les temps antérieurs à cette tradition ! D'ailleurs elle ne nous a transmis que les gestes de quelques nations, c'est-à-dire les actes d'une très-petite partie du genre humain : tout le reste des hommes est demeuré nul pour nous, nul pour la postérité ; ils ne sont sortis de leur néant que pour passer comme des ombres qui ne laissent point de traces : et plût au ciel que le nombre de tous ces prétendus héros dont on a célébré les crimes ou la gloire sanguinaire fût enseveli dans la nuit de l'oubli !

« Ainsi l'histoire civile, bornée d'un côté par les ténèbres d'un temps assez voisin du nôtre, ne s'étend de l'autre qu'aux petites portions de terre qu'ont occupées successivement les peuples soigneux de leur mémoire ; au lieu que l'histoire naturelle embrasse également tous les espaces, tous les temps, et n'a d'autres limites que celles del' univers.

« La nature étant contemporaine de la matière, de l'espace et du temps, son histoire est celle de toutes les substances, de tous les lieux, de tous les âges ; et quoiqu'il paraisse à la première vue que ses grands ouvrages ne s'altèrent ni ne changent, et que dans ses productions, même les plus fragiles et les plus passagères, elle se montre toujours et constamment la même, puisqu'à chaque instant ses premiers modèles reparaissent à nos yeux sous de nouvelles représentations, cependant, en l'observant de près, on s'apercevra que son cours n'est pas absolument uniforme; on reconnaîtra qu'elle admet des variations sensibles, qu'elle reçoit des altérations successives, qu'elle se prête même à des combinaisons nouvelles, à des mutations de matière et de forme; qu'enfin, autant elle paraît fixe dans son tout, autant elle est variable dans chacune de ses parties; et si nous l'embrassons dans toute son étendue, nous ne pourrons douter qu'elle ne soit aujourd'hui très-différente de ce qu'elle était au commencement et de ce qu'elle est devenue dans la succession des temps : ce sont ces changements divers que nous appelons ses époques. La nature s'est trouvée dans différents états; la surface de la terre a pris successivement des formes différentes; les cieux mêmes ont varié, et toutes les choses de l'univers physique sont, comme celles du monde moral, dans un mouvement continuel de variations successives. Par exemple, l'état dans lequel nous voyons aujourd'hui la nature est autant notre ouvrage que le sien; nous avons su la tempérer, la modifier, la plier à nos besoins, à nos désirs; nous avons sondé, cultivé, fécondé la terre : l'aspect sous lequel elle se présente est donc bien différent de celui des temps antérieurs à l'invention des arts. L'âge d'or de la morale, ou plutôt de la fable, n'était que l'âge de fer de la physique et de la vérité. L'homme de ce temps, encore à demi sauvage, dispersé, peu nombreux, ne sentait pas sa puissance, ne connaissait pas sa vraie richesse; le trésor de ses lumières était enfoui; il ignorait la force des volontés unies, et ne se doutait pas que, par la société et par des travaux suivis et concertés, il viendrait à bout d'imprimer ses idées sur la surface entière de l'univers.

« Aussi faut-il aller chercher et voir la nature dans ces régions nouvellement découvertes, dans ces contrées de tout temps inhabitées, pour se former une idée de son état ancien; et cet ancien état est encore bien moderne en comparaison de celui où nos continents terrestres étaient couverts par les eaux, où les poissons habitaient sur nos plaines, où nos montagnes formaient les écueils des mers: combien de changements et de différents états ont dû se succéder depuis ces temps antiques (qui cependant n'étaient pas les premiers) jusqu'aux âges de l'histoire! que de choses ensevelies! combien d'événements entièrement oubliés! que de révolutions antérieures à la mémoire des hommes! Il a fallu une très-longue suite d'observations, il a fallu trente siècles de culture à l'esprit humain, seulement pour reconnaître l'état présent des choses. La terre n'est pas encore entièrement découverte; ce n'est que depuis peu qu'on a déterminé sa figure; ce n'est que de nos jours qu'on s'est élevé à la théorie de sa forme intérieure, et qu'on a démontré l'ordre et la disposition des matières dont elle est composée: ce n'est donc que de cet instant où l'on peut commencer à comparer la nature avec elle-même, et remonter de son état actuel et connu à quelques époques d'un état plus ancien.

« Mais comme il s'agit ici de percer la nuit des temps, de reconnaître par l'inspection des choses actuelles l'ancienne existence des choses anéanties, et de remonter par la seule force des faits subsistants à la vérité historique des faits ensevelis; comme il s'agit, en un mot, de juger non-seulement le passé moderne, mais le passé le plus ancien, par le seul présent, et que, pour nous élever jusqu'à ce point de vue, nous avons besoin de toutes nos forces réunies, nous emploierons trois grands moyens : 1° les faits qui peuvent nous rapprocher de l'origine de la nature ; 2° les monuments qu'on doit regarder comme les témoins de ses premiers âges ; 3° les traditions qui peuvent nous donner quelque idée des âges subséquents : après quoi nous tâcherons de lier le tout par des analogies, et de former une chaîne qui, du sommet de l'échelle du temps, descendra jusqu'à nous.

Premier fait.

« La terre est élevée sur l'équateur et abaissée sous les pôles, dans la proportion qu'exigent les lois de la pesanteur et de la force centrifuge.

Second fait.

« Le globe terrestre a une chaleur intérieure qui lui est propre, et qui est indépendante de celle que les rayons du soleil peuvent lui communiquer.

Troisième fait.

« La chaleur que le soleil envoie à la terre est assez petite en comparaison de la chaleur propre du globe terrestre ; et cette chaleur envoyée par le soleil ne serait pas seule suffisante pour maintenir la nature vivante.

Quatrième fait.

« Les matières qui composent le globe de la terre sont, en général, de la nature du verre, et peuvent être toutes réduites en verre.

Cinquième fait.

« On trouve sur toute la surface de la terre, et même sur les montagnes, jusqu'à quinze cents et deux mille toises de hauteur, une immense quantité de coquilles et d'autres débris des productions de la mer.

« Examinons d'abord si, dans ces faits que je veux employer, il n'y a rien qu'on puisse raisonnablement contester. Voyons si tous sont prouvés, ou du moins peuvent l'être; après quoi nous passerons aux inductions que l'on doit en tirer.

« Le premier fait du renflement de la terre à l'équateur et de son aplatissement aux pôles est mathématiquement démontré et physiquement prouvé par la théorie de la gravitation et par les expériences du pendule. Le globe terrestre a précisément la figure que prendrait un globe fluide qui tournerait sur lui-même avec la vitesse que nous connaissons au globe de la terre. Ainsi la première conséquence qui sort de ce fait incontestable, c'est que la matière dont notre terre est composée était dans un état de fluidité au moment qu'elle a pris sa forme, et ce moment est celui où elle a commencé à tourner sur elle-même : car si la terre n'eût pas été fluide, et qu'elle eût eu la même consistance que nous lui voyons aujourd'hui, il est évident que cette matière consistante et solide n'aurait pas obéi à la loi de la force centrifuge [1], et que par conséquent, malgré la rapidité de son mouvement de rotation, la terre, au lieu d'être un sphéroïde renflé sur l'équateur et aplati sous les pôles, serait au contraire une sphère exacte, et qu'elle n'aurait jamais pu prendre d'autre figure que celle d'un globe parfait, en vertu de l'attraction mu-

[1] Page 53 de son *Anti-Copernic*, M. l'abbé Matalène nie complétement l'existence d'une force centrifuge, parce qu'il parle de cette loi comme de beaucoup d'autres choses qu'il lui est impossible de comprendre, et uniquement pour paraître avoir des connaissances en physique.

tuelle de toutes les parties de la matière dont elle est composée.

« Or, quoiqu'en général toute fluidité ait la chaleur pour cause, puisque l'eau même, sans la chaleur, ne formerait qu'une substance solide, nous avons deux manières différentes de concevoir la possibilité de cet état primitif de fluidité dans le globe terrestre, parce qu'il semble d'abord que la nature ait deux moyens pour l'opérer. Le premier est la dissolution ou même le délayement des matières terrestres dans l'eau; et le second, leur liquéfaction par le feu. Mais l'on sait que le plus grand nombre des matières solides qui composent le globe terrestre ne sont pas dissolubles dans l'eau; et en même temps l'on voit que la quantité d'eau est si petite en comparaison de celle de la matière aride, qu'il n'est pas possible que l'une ait jamais été délayée dans l'autre. Ainsi, cet état de fluidité dans lequel s'est trouvée la masse entière de la terre n'ayant pu s'opérer ni par la dissolution ni par le délayement dans l'eau, il est nécessaire que cette fluidité ait été une liquéfaction causée par le feu.

« Cette juste conséquence, déjà très-vraisemblable par elle-même, prend un nouveau degré de probabilité par le second fait, et devient une certitude par le troisième fait. La chaleur intérieure du globe, encore actuellement subsistante, et beaucoup plus grande que celle qui nous vient du soleil, nous démontre que cet ancien feu qu'a éprouvé le globe n'est pas encore, à beaucoup près, entièrement dissipé : la surface de la terre est plus refroidie que son intérieur. Des expériences certaines et réitérées nous assurent que la masse entière du globe a une chaleur propre tout à fait indépendante de celle du soleil : cette chaleur nous est démontrée par la comparaison de nos hivers à nos étés; et on la reconnaît d'une manière encore plus palpable dès qu'on pénètre au dedans de la terre, elle est constante en tous lieux pour chaque profondeur, et elle paraît augmenter à mesure que l'on descend. Mais que sont nos travaux en comparaison de ceux qu'il faudrait faire pour reconnaître les degrés successifs de cette chaleur intérieure dans les profondeurs du globe? Nous avons fouillé les montagnes à quelques centaines de toises pour en tirer les métaux; nous avons fait dans les plaines des puits de quelques centaines de pieds; ce sont là nos plus grandes excavations, ou plutôt nos fouilles les plus profondes; elles effleurent à peine la première écorce du globe, et néanmoins la chaleur intérieure y est déjà plus sensible qu'à la surface : on doit donc présumer que si l'on pénétrait plus avant cette chaleur serait plus grande, et que les parties voisines du centre de la terre sont plus chaudes que celles qui en sont éloignées, comme l'on voit dans un boulet rougi au feu l'incandescence se conserver dans les parties voisines du centre longtemps après que la surface a perdu cet état d'incandescence et de rougeur. Ce feu, ou plutôt cette chaleur intérieure de la terre est encore indiquée par les effets de l'électricité, qui convertit en éclairs lumineux cette chaleur obscure; elle nous est démontrée par la température de l'eau de la mer, laquelle, aux mêmes profondeurs, est à peu près égale à celle de l'intérieur de la terre. D'ailleurs il est aisé de prouver que la liquidité des eaux de la mer en général ne doit point être attribuée à la puissance des rayons solaires, puisqu'il est démontré, par l'expérience, que la lumière du soleil ne pénètre qu'à six cents pieds à travers l'eau la plus limpide, et que par conséquent sa chaleur n'arrive peut-être pas au quart de cette épaisseur, c'est-à-dire à cent cinquante pieds. Ainsi toutes les eaux qui sont au-dessous de cette profondeur seraient glacées sans la chaleur intérieure de la terre, qui seule peut entretenir leur liquidité. Et de même il est encore prouvé, par l'expérience, que la chaleur des rayons solaires ne pénètre pas à quinze ou vingt pieds dans la terre, puisque la glace se conserve à cette grofondeur pendant les étés les plus chauds. Donc il est démontré qu'il y a au-dessous du bassin de la mer, comme dans les premières couches de la terre, une émanation continuelle de chaleur qui entretient la liquidité des eaux, et produit la température de la terre; donc il existe dans son intérieur une chaleur qui lui appartient en propre, et qui est tout à fait indépendante de celle que le soleil peut lui communiquer.

« Nous pouvons encore confirmer ce fait général par un grand nombre de faits particuliers. Tout le monde a remarqué, dans le temps des frimas, que la neige se fond dans tous les endroits où les vapeurs de l'intérieur de la terre ont une libre issue, comme sur les puits, les aqueducs recouverts, les voûtes, les citernes, etc., tandis que sur tout le reste de l'espace où la terre resserrée par la gelée intercepte ces vapeurs, la neige subsiste et se gèle au lieu de fondre. Cela seul suffirait pour démontrer que ces émanations de l'intérieur de la terre ont un degré de chaleur très-réel et sensible. Mais il est inutile de vouloir accumuler ici de nouvelles preuves d'un fait constaté par l'expérience et par les observations ; il nous suffit qu'on ne puisse désormais la révoquer en doute, et qu'on reconnaisse cette chaleur intérieure de la terre comme un fait réel et général, duquel, comme des autres faits généraux de la nature, on doit déduire les effets particuliers.

« Il en est de même du quatrième fait : on ne peut pas douter, d'après les preuves démonstratives que nous en avons données dans plusieurs articles de notre Théorie de la terre, que les matières dont le globe est composé ne soient de la nature du verre : le fond des minéraux, des végétaux et des animaux n'est qu'une matière vitrescible; car tous leurs résidus, tous leurs détriments ultérieurs, peuvent se réduire en verre. Les matières que les chimistes ont appelées *réfractaires*, celles qu'ils regardent comme infusibles, parce qu'elles résistent au feu de leurs fourneaux sans se réduire en verre, peuvent néanmoins s'y réduire par l'action d'un feu plus violent. Ainsi toutes les matières qui composent le globe de la terre, du moins toutes celles qui nous sont connues, ont le verre pour base de leur substance ; et nous pouvons, en leur faisant subir la grande action du feu, les réduire toutes ultérieurement à leur premier état.

« La liquéfaction primitive de la masse entière de la terre par le feu est donc prouvée dans toute la rigueur qu'exige la plus stricte logique : d'abord *a priori*, par le premier fait de son élévation sur l'équateur et de son abaissement sous les pôles ; 2° *ab actu*, par le second et le troisième fait de la chaleur intérieure de la terre encore subsistante ; 3° *a posteriori*, par le quatrième fait, qui nous démontre le produit de cette action du feu, c'est-à-dire le verre, dans toutes les substances terrestres.

« Mais, quoique les matières qui composent le globe de la terre aient été primitivement de la nature du verre, et qu'on puisse aussi les y réduire ultérieurement, on doit cependant les distinguer et les séparer relativement aux différents états où elles se trouvent avant ce retour à leur première nature, c'est-à-dire avant leur réduction en verre par le moyen du feu. Cette considération est d'autant plus nécessaire ici, que seule elle peut nous indiquer en quoi diffère la formation de ces matières : on doit donc les diviser d'abord en matières vitrescibles et en matières calcinables ; les premières n'éprouvant aucune action de la part du feu, à moins qu'il ne soit porté à un degré de force capable de les convertir en verre, les autres, au contraire, éprouvant à un degré bien inférieur une action qui les réduit en chaux. La quantité des substances calcaires, quoique fort considérable sur la terre, est néanmoins très-petite en comparaison de la quantité des matières vitrescibles. Le cinquième fait, que nous avons mis en avant, prouve que leur formation est aussi d'un autre temps et d'un autre élément; et l'on voit évidemment que toutes les matières qui n'ont pas été produites immédiatement par l'action du feu primitif ont été formées par l'intermède de l'eau, parce que toutes sont composées de coquilles et d'autres débris des productions de la mer. Nous mettons dans la classe des matières vitrescibles le roc vif, les quartz, les sables, les grès et granits, les ardoises, les schistes, les argiles, les métaux et minéraux métalliques : ces matières, prises ensemble, forment le vrai fonds du globe, et en composent la principale et très-grande partie; toutes ont originairement été produites par le feu primitif. Le sable n'est que du verre en poudre; les argiles, des sables pourris dans l'eau; les ardoises et les schistes, des argiles desséchées et durcies; le roc vif, les grès, le granit, ne sont que des masses vitreuses ou des sables vitrescibles sous une forme concrète; les cailloux, les cristaux, les métaux et la plupart des autres minéraux ne sont que les stillations, les exsudations ou les sublimations de ces premières matières qui toutes nous décèlent leur origine primitive et leur nature commune par leur aptitude à se réduire immédiatement en verre.

« Mais les sables et graviers calcaires, les craies, la pierre de taille, le moellon, les marbres, les albâtres, les spaths calcaires, opaques et transparents, toutes les matières, en un mot, qui se convertissent en chaux, ne présentent pas d'abord leur première nature : quoique originairement de verre comme toutes les autres, ces matières calcaires ont passé par des filières qui les ont dénaturées ; elles ont été formées dans l'eau ; toutes sont entièrement composées de madrépores, de coquilles, et de détriments des dépouilles de ces animaux vraiment aquatiques qui seuls savent convertir le liquide en solide, et transformer l'eau de la mer en pierre [1]. Les marbres communs et les autres pierres calcaires sont composés de coquilles entières et de morceaux de coquilles, de madrépores, d'astroïtes, etc., dont toutes les parties sont encore évidentes ou très-reconnaissables; les graviers ne sont que les débris des marbres et des pierres calcaires que l'action de l'air et des gelées détache des rochers; et l'on peut faire de la chaux avec ces graviers, comme l'on en fait avec le marbre ou la pierre ; on peut en faire aussi avec les coquilles mêmes, et avec la craie et les tufs, lesquels ne sont encore que des débris, ou plutôt des détriments de ces mêmes matières. Les albâtres, et les marbres qu'on doit leur comparer lorsqu'ils contiennent de l'albâtre, peuvent être regardés comme de grandes stalactites qui se forment aux dépens des autres marbres et des pierres communes : les spaths calcaires se forment de même par l'exsudation ou la stillation dans les matières calcaires, comme le cristal de roche se forme dans les matières vitrescibles. Tout cela peut se prouver par l'examen attentif des monuments de la nature.

[1] On peut se former une idée nette de cette conversion. L'eau de la mer tient en dissolution des particules de terre qui, combinées avec la matière animale, concourent à former les coquilles par le mécanisme de la digestion des ces animaux testacées, comme la soie est le produit du parenchyme des feuilles, combiné avec la matière animale du ver à soie.

Premiers monuments.

« On trouve à la surface et à l'intérieur de la terre des coquilles et autres productions de la mer; et toutes les matières qu'on appelle *calcaires* sont composées de leurs détriments.

Seconds monuments.

« En examinant ces coquilles et autres productions maritimes que l'on tire de la terre en France, en Angleterre, en Allemagne et dans le reste de l'Europe, on reconnaît qu'une grande partie des espèces d'animaux auxquels ces dépouilles ont appartenu ne se trouvent pas dans les mers adjacentes, et que ces espèces, ou ne subsistent plus, ou ne se trouvent que dans les mers méridionales : de même on voit dans les ardoises et dans d'autres matières, à de grandes profondeurs, des impressions de poissons et de plantes dont aucune espèce n'appartient à notre climat, et lesquelles n'existent plus, ou ne se trouvent subsistantes que dans les climats méridionaux.

Troisièmes monuments.

« On trouve en Sibérie et dans les autres contrées septentrionales de l'Europe et de l'Asie des squelettes, des défenses, des ossements d'éléphant, d'hippopotame et de rhinocéros, en assez grande quantité pour être assuré que les espèces de ces animaux, qui ne peuvent se propager aujourd'hui que dans les terres du midi, existaient et se propageaient autrefois dans les terres du nord; et l'on a observé que ces dépouilles d'éléphant et d'autres animaux terrestres se présentent à une assez petite profondeur, au lieu que les coquilles et les autres débris des productions de la mer se trouvent enfouis à de plus grandes profondeurs dans l'intérieur de la terre.

Quatrièmes monuments.

« On trouve des défenses et des ossements d'éléphant, ainsi que des ossements d'hippopotames, non-seulement dans les terres du nord de notre continent, mais aussi dans celles du nord de l'Amérique, quoique les espèces de l'éléphant et de l'hippopotame n'existent point dans ce continent du nouveau monde.

Cinquièmes monuments.

« On trouve dans le milieu des continents, dans les lieux les plus éloignés des mers, un nombre infini de coquilles dont la plupart appartiennent aux animaux de ce genre actuellement existants dans les mers méridionales, et dont plusieurs autres n'ont aucun analogue vivant, en sorte que les espèces en paraissent perdues et détruites par des causes jusqu'à présent inconnues.

« En comparant ces monuments avec les faits, on voit d'abord que le temps de la formation des matières vitrescibles est bien plus reculé que celui de la composition des substances calcaires ; et il paraît qu'on peut déjà distinguer quatre et même cinq époques dans la plus grande profondeur des temps : la première, où la matière du globe étant en fusion par le feu, la terre a pris sa forme et s'est élevée sur l'équateur et abaissée sous les pôles par son mouvement de rotation ; la seconde, où cette matière du globe s'étant consolidée a formé les grandes masses de matières vitrescibles ; la troisième, où la mer couvrant la terre actuellement habitée a nourri les animaux à coquille dont les dépouilles ont formé les substances calcaires ; et la quatrième, où s'est faite la retraite de ces mêmes mers qui couvraient nos continents. Une cinquième époque, tout aussi clairement indiquée que les quatre premières, est celle du temps où les éléphants, les hippopotames et les autres animaux du midi ont habité les terres du nord : cette époque est évidemment postérieure à la quatrième, puisque les dépouilles de ces animaux terrestres se trouvent presque à la surface de la terre, au lieu que celles des animaux marins sont, pour la plupart et dans les mêmes lieux, enfouies à de grandes profondeurs.

« Quoi! dira-t-on, les éléphants et les autres animaux du midi ont autrefois habité les terres du nord? Ce fait, quelque singulier, quelque extraordinaire qu'il puisse paraître, n'en est pas moins certain. On a trouvé, et on trouve encore tous les jours en Sibérie, en Russie, et dans les autres contrées septentrionales de l'Europe et de l'Asie, de l'ivoire en grande quantité; ces défenses d'éléphant se tirent à quelques pieds sous terre, ou se découvrent par les eaux lorsqu'elles font tomber les terres du bord des fleuves : on trouve ces ossements et défenses d'éléphant en tant de lieux différents et en si grand nombre, qu'on ne peut plus se borner à dire que ce sont les dépouilles de quelques éléphants amenés par les hommes dans ces climats froids; on est maintenant forcé par les preuves réitérées de convenir que ces animaux étaient autrefois habitants naturels des contrées du nord, comme ils le sont aujourd'hui des contrées du midi; et, ce qui paraît encore rendre le fait plus merveilleux, c'est-à-dire plus difficile à expliquer, c'est qu'on trouve ces dépouilles des animaux du midi de notre continent non-seulement dans les provinces de notre nord, mais aussi dans les terres du Canada et des autres parties de l'Amérique septentrionale. Nous avons au cabinet du roi plusieurs défenses et un grand nombre d'ossements d'éléphant trouvés en Sibérie; nous avons d'autres défenses et d'autres os d'éléphant qui ont été trouvés en France, et enfin nous avons des défenses d'éléphant et des dents d'hippopotame trouvées en Amérique dans les terres voisines de la rivière d'Ohio. Il est donc nécessaire que ces animaux, qui ne peuvent subsister, et ne subsistent en effet aujourd'hui que dans les pays chauds, aient autrefois existé dans les climats du nord, et que par conséquent cette zone froide fût alors aussi chaude que l'est aujourd'hui notre zone torride; car il n'est pas possible que la forme constitutive, ou, si l'on veut, l'habitude réelle du corps des animaux, qui est ce qu'il y a de plus fixe dans la nature, ait pu changer au point de donner le tempérament du renne à l'éléphant, ni de supposer que jamais ces animaux du midi, qui ont besoin d'une grande chaleur pour subsister, eussent pu vivre et se multiplier dans les terres du nord, si la température du climat eût été aussi froide qu'elle l'est aujourd'hui. . . . .

« Mais je puis donner cette explication si difficile, et la déduire d'une cause immédiate. Nous venons de voir que le globe terrestre, lorsqu'il a pris sa forme, était dans un état de fluidité; et il est démontré, que l'eau n'ayant pu produire la dissolution des matières terrestres, cette fluidité était une liquéfaction causée par le feu. Or, pour passer de ce premier état d'embrasement et de liquéfaction à celui d'une chaleur douce et tempérée, il a fallu du temps : le globe n'a pu se refroidir tout à coup au point où il est aujourd'hui. Ainsi, dans les premiers temps après sa formation, la chaleur propre de la terre était infiniment plus grande que celle qu'elle reçoit du soleil, puisqu'elle est encore beaucoup plus grande aujourd'hui; ensuite, ce grand feu s'étant dissipé peu à peu, le climat du pôle a éprouvé, comme dans tous les autres climats, des degrés successifs de moindre chaleur et de refroidissement. Il y a donc eu un temps, et même une longue suite de temps pendant laquelle les terres du nord, après avoir brûlé comme toutes les autres, ont joui de la même chaleur dont jouissent aujourd'hui les terres du midi : par conséquent ces terres septentrionales ont pu et dû être habitées par les animaux qui habitent actuellement les terres méridionales, et auxquels cette chaleur est nécessaire. Dès lors le fait, loin d'être extraordinaire, se lie parfaitement avec les autres faits, et n'en est qu'une simple conséquence : au lieu de s'opposer à la théorie de la terre que nous avons établie, ce même fait en devient au contraire une preuve accessoire qui ne peut que la confirmer dans le point le plus obscur, c'est-à-dire lorsqu'on commence à tomber dans cette profondeur du temps où la lumière du génie semble s'éteindre, et où, faute d'observations, elle paraît ne pouvoir nous guider pour aller plus loin.

« Une sixième époque, postérieure aux cinq autres, est celle de la séparation des deux continents. Il est sûr qu'ils n'étaient pas séparés dans les temps que les éléphants vivaient également dans les terres du nord de l'Amérique, de l'Europe et de l'Asie : je dis également, car on trouve de même leurs ossements en Sibérie, en Russie et au Canada. La séparation des continents ne s'est donc faite que dans des temps postérieurs à ceux du séjour des animaux dans les terres septentrionales, mais, comme l'on trouve aussi des défenses d'éléphant en Pologne, en Allemagne, en France, en Italie, on doit en conclure qu'à mesure que les terres septentrionales se refroidissaient, ces animaux se retiraient vers les contrées des zones tempérées, où la chaleur du soleil et la plus grande épaisseur du globe compensaient la perte de la chaleur intérieure de la terre; et qu'enfin, ces zones s'étant aussi trop refroidies avec le temps, ils ont successivement gagné les climats de la zone torride, qui sont ceux où la chaleur intérieure s'est conservée le plus longtemps par la plus grande épaisseur du sphéroïde de la terre, et les seuls où cette chaleur, réunie avec celle du soleil, soit encore assez forte aujourd'hui pour maintenir leur nature et soutenir leur propagation.

« De même on trouve en France et dans toutes les autres parties de l'Europe des coquilles, des squelettes et des vertèbres d'animaux marins qui ne peuvent subsister que dans les mers les plus méridionales. Il est donc arrivé, pour les climats de la mer, le même changement de température que pour ceux de la terre ; et ce second fait, s'expliquant, comme le premier, par la même cause, paraît confirmer le tout au point de la démonstration.

« Lorsque l'on compare ces anciens monuments du premier âge de la nature vivante avec ses productions actuelles, on voit évidemment que la forme constitutive de chaque animal s'est conservée la même et sans altération dans ses principales parties : le type de chaque espèce n'a point changé ; le moule intérieur a conservé sa forme et n'a point varié. Quelque longue qu'on voulût imaginer la succession des temps, quelque nombre de générations qu'on admette ou qu'on suppose, les individus de chaque genre représentent aujourd'hui les formes de ceux des deux premiers siècles, surtout dans les espèces majeures, dont l'empreinte est plus ferme et la nature plus fixe ; car les espèces inférieures ont, comme nous l'avons dit, éprouvé d'une manière sensible tous les effets des différentes causes de dégénération : seulement il est à remarquer au sujet de ces espèces majeures, telles que l'éléphant et l'hippopotame, qu'en comparant leurs dépouilles antiques avec celles de notre temps, on voit qu'en général ces animaux étaient alors plus grands qu'ils ne le sont aujourd'hui ; la nature était dans sa première vigueur ; la chaleur intérieure de la terre donnait à ses productions toute la force et toute l'étendue dont elles étaient susceptibles. Il y a eu, dans ce premier âge, des géants en tous genres; les nains et les pygmées sont arrivés depuis, c'est-à-dire après le refroidissement; et si (comme d'autres monuments semblent le démontrer) il y a eu des espèces perdues, c'est-à-dire des animaux qui aient autrefois existé et qui n'existent plus, ce ne peuvent être que ceux dont la nature exigeait une chaleur plus grande que la chaleur actuelle de la zone torride. Ces énormes dents molaires presque carrées et à grosses pointes mousses, ces grandes volutes pétrifiées dont quelques-unes ont plusieurs pieds de diamètre, plusieurs autres poissons et coquillages fossiles dont on ne retrouve nulle part les analogues vivants, n'ont existé que dans les premiers temps où la terre et la mer encore chaudes devaient nourrir des animaux auxquels ce degré de chaleur était nécessaire, et qui ne subsistent plus aujourd'hui, parce que probablement ils ont péri par le refroidissement.

« Voilà donc l'ordre des temps indiqués par les faits et par les monuments ; voilà six époques dans la succession des premiers âges de la nature, six espaces de durée dont les limites, quoique indéterminées, n'en sont pas moins réelles ; car ces époques ne sont pas, comme celles de l'histoire civile, marquées par des points fixes, ou limitées par des siècles et d'autres portions du temps que nous puissions compter et mesurer exactement : néanmoins nous pouvons les comparer entre elles, en évaluer la durée relative, et rappeler à chacune de ces périodes de durée d'autres monuments et d'autres faits qui nous indiqueront des dates contemporaines, et peut-être aussi quelques époques intermédiaires et subséquentes. »

Après la lecture de ces pages concluantes, où les monuments de la nature sont inspectés en observateur d'une science profonde, persisterez-vous encore, monsieur, à croire que le monde ait toujours été ce qu'il est encore aujourd'hui, et que six jours de la durée des nôtres aient suffi à la confection d'un si grand travail? Les géologues ont-ils tort d'avoir donné le nom d'*époques* aux six *jours* de la *Genèse?* Douterez-vous aussi de la haute antiquité de la terre, lorsque l'observation intelligente de la science nous démontre que la nature n'opère que très-lentement dans son action incessante? Mais je suis assuré d'avance que vous vous en tiendrez à votre : *Dieu l'a voulu ainsi.* A pareille réponse, je ne réplique pas ; il n'y a qu'à se taire en présence de la superstition, toujours sourde et aveugle, et qui ne raisonne jamais.

CHAPITRE IV.

Concordance de la science et de la tradition sacrée relativement à l'antiquité de la matière.

Voici comment Buffon concilie la haute ancienneté qu'il donne à la matière avec les traditions sacrées, qui ne donnent au monde que six ou huit mille ans.

La *Genèse* dit : « Au commencement Dieu créa le ciel et la terre. »

Buffon. « Cela ne veut pas dire qu'au commencement Dieu créa le ciel et la terre *tels qu'ils sont*, puisqu'il est dit immédiatement après *que la terre était informe*, et que le soleil, la lune et les étoiles ne furent placés dans le ciel qu'au quatrième jour de la création. On rendrait donc le texte contradictoire à lui-même si l'on voulait soutenir qu'*au commencement Dieu créa le ciel et la terre tels qu'ils sont*. Ce fut dans un temps subséquent qu'il les rendit en effet *tels qu'ils sont*, en donnant la forme à la matière, et en plaçant le soleil, la lune et les étoiles dans le ciel. Ainsi, pour entendre sainement ces premières paroles, il faut nécessairement suppléer un mot qui concilie le tout, et lire : *Au commencement Dieu créa la* MATIÈRE *du ciel et de la terre.*

« Et ce *commencement*, ce premier temps, le plus ancien de tous, pendant lequel la matière du ciel et de la terre existait sans forme déterminée, paraît avoir eu une longue durée; car écoutons attentivement la parole de l'interprète divin :

« La terre était informe et toute nue, les ténèbres cou-
« vraient la face de l'abîme, et l'esprit de Dieu était porté
« sur les eaux. »

Buffon. « La terre *était*, les ténèbres *couvraient*, l'esprit de Dieu *était*. Ces expressions par l'imparfait du verbe n'indiquent-elles pas que c'est pendant un long espace de temps que la terre a été informe et que les ténèbres ont couvert la face de l'abîme? Si cet état informe, si cette face ténébreuse de l'abîme, n'eussent existé qu'un jour, si même cet état n'eût pas duré longtemps, l'écrivain sacré ou se serait autrement exprimé, ou n'aurait fait aucune mention de ce moment des ténèbres; il eût passé de la création de la matière en général à la production de ses formes particulières, et n'aurait pas fait un repos appuyé, une pause marquée, entre le premier et le second instant des ouvrages de Dieu. Je vois donc clairement que non-seulement on peut, mais que même l'on doit, pour se conformer au sens du texte de l'Écriture sainte, regarder la création de la matière en général comme plus ancienne que les productions particulières et successives de ses différentes formes; et cela se confirme encore par la transition qui suit :

« Or Dieu dit :

« Ce mot *or* suppose des choses faites et des choses à faire; c'est le projet d'un nouveau dessein, c'est l'indication d'un décret pour changer l'état ancien ou actuel des choses en un nouvel état. »

Moise. « Que la lumière soit faite, et la lumière fut faite. »

Buffon. « Voilà la première parole de Dieu; elle est si sublime et si prompte, qu'elle nous indique assez que la production de la lumière se fit en un instant : cependant la lumière ne parut pas d'abord ni tout à coup comme un éclair universel ; elle demeura pendant du temps confondue avec les ténèbres, et Dieu prit lui-même du temps pour la considérer ; car, est-il dit,

« Dieu vit que la lumière était bonne, et il sépara la lu-
« mière d'avec les ténèbres. »

« L'acte de la séparation de la lumière d'avec les ténèbres est donc évidemment distinct et physiquement éloigné par un espace de temps de l'acte de sa production ; et ce temps, pendant lequel il plut à Dieu de la considérer pour voir *qu'elle était bonne*, c'est-à-dire utile à ses desseins ; ce temps, dis-je, appartient encore et doit s'ajouter à celui du chaos, qui ne commença à se débrouiller que quand la lumière fut séparée des ténèbres.

« Voilà donc deux temps, voilà deux espaces de durée que le texte sacré nous force à reconnaître : le premier, entre la création de la matière en général et la production de la lumière ; le second, entre cette production de la lumière et sa séparation d'avec les ténèbres. Ainsi, loin de manquer à Dieu en donnant à la matière plus d'ancienneté qu'au monde *tel quil est*, c'est au contraire le respecter autant qu'il est en nous, en conformant notre intelligence à sa parole. En effet, la lumière qui éclaire nos âmes ne vient-elle pas de Dieu? Les vérités qu'elle nous présente peuvent-elles être contradictoires avec celles qu'il nous a révélées? Il faut se souvenir que son inspiration divine a passé par les organes de l'homme ; que sa parole nous a été transmise dans une langue pauvre, dénuée d'expressions précises pour les idées abstraites, en sorte que l'interprète de cette parole divine a été obligé d'employer souvent des mots dont les acceptions ne sont déterminées que par les circonstances : par exemple, le mot *créer* et le mot *former* ou *faire* sont employés indistinctement pour signifier la même chose ou des choses semblables, tandis que dans nos langues ces deux mots ont chacun un sens très-différent et très-déterminé : créer est tirer une substance du néant ; former ou faire, c'est la tirer de quelque chose sous une forme nouvelle ; et il paraît que le mot *créer* appartient de préférence et peut-être uniquement au premier verset de la *Genèse*, dont la traduction précise en notre langue doit être : *Au commencement Dieu tira du néant la matière du ciel et de la terre ;* et ce qui prouve que ce mot *créer* ou *tirer du néant* ne doit s'appliquer qu'à ces premières paroles, c'est que, toute la matière du ciel et de la terre ayant été créée ou tirée du néant dès le commencement, il n'est plus possible et par conséquent plus permis de supposer de nouvelles créations de matière, puisque alors *toute matière* n'aurait pas été créée dès le commencement. Par conséquent l'ouvrage des six jours ne peut s'entendre que comme une formation, une production de formes tirées de la matière créée précédemment, et non pas comme d'autres créations de matières nouvelles tirées immédiatement du néant ; et en effet, lorsqu'il est question de la lumière, qui est la première de ces formations ou productions tirées du sein de la matière, il est dit seulement : *Que la lumière soit faite*, et non pas : *Que la lumière soit créée*. Tout concourt donc à prouver que, la matière ayant été créée *in principio*, ce ne fut que dans des temps subséquents qu'il plut au souverain Être de lui donner la forme, et qu'au lieu de tout créer et tout former dans le même instant, comme il l'aurait pu faire s'il eût voulu déployer toute l'étendue de sa toute-puissance, il n'a voulu au contraire qu'agir avec le temps, produire successivement, et mettre même des repos, des intervalles considérables, entre chacun de ses ouvrages. Que pouvons-nous entendre par les six jours que l'écrivain sacré nous désigne si précisément en les comptant les uns après les autres, sinon six espaces de temps, six intervalles de durée? Et ces espaces de temps indiqués par le nom de *jours*, faute d'autres expressions, ne peuvent avoir aucun rapport avec nos jours actuels, puisqu'il s'est passé successivement trois de ces jours avant que le soleil ait été placé dans le ciel. Il n'est donc pas possible que ces jours fussent semblables aux nôtres ; et l'interprète de Dieu semble l'indiquer assez en les comptant toujours du soir au matin, au lieu que les jours solaires doivent se compter du matin au soir. Ces six jours n'étaient donc pas des jours solaires semblables aux nôtres, ni même des jours de lumière, puisqu'ils commençaient par le soir et finissaient au matin : ces jours n'étaient pas même égaux, car ils n'auraient pas été proportionnés à l'ouvrage. Ce ne sont donc que six espaces de temps : l'historien sacré ne détermine pas la durée de chacun ; mais le sens de la narration semble la rendre assez longue pour que nous puissions l'étendre autant que l'exigent les vérités physiques que nous avons à démontrer. Pourquoi donc se récrier si fort sur cet emprunt du temps que nous ne faisons qu'autant que nous y sommes forcés par la connaissance démonstrative des phénomènes de la nature? Pourquoi vouloir nous refuser ce temps, puisque Dieu nous le donne par sa propre parole, et qu'elle serait contradictoire ou inintelligible si nous n'admettions pas l'existence de ces premiers temps antérieurs à la formation du monde *tel qu'il est?*

« A la bonne heure, que l'on dise, que l'on soutienne, même rigoureusement, que depuis le dernier terme, depuis la fin des ouvrages de Dieu, c'est-à-dire depuis la création de l'homme, il ne s'est écoulé que six ou huit mille ans, parce que les différentes généalogies du genre humain depuis Adam n'en indiquent pas davantage; nous devons cette foi, cette marque de soumission et de respect à la plus ancienne, à la plus sacrée de toutes les traditions; nous lui devons même plus, c'est de ne jamais nous permettre de nous écarter de la lettre de cette sainte tradition que quand *la lettre tue*, c'est-à-dire quand elle paraît directement opposée à la saine raison et à la vérité des faits de la nature; car toute raison, toute vérité venant également de Dieu, il n'y a de différence entre les vérités qu'il nous a révélées et celles qu'il nous a permis de découvrir par nos observations et nos recherches; il n'y a, dis-je, d'autre différence que celle d'une première faveur faite gratuitement à une seconde grâce qu'il a voulu différer et nous faire mériter par nos travaux; et c'est par cette raison que son interprète n'a parlé aux premiers hommes, encore très-ignorants, que dans le sens vulgaire, et qu'il ne s'est pas élevé au-dessus de leurs connaissances, qui, bien loin d'atteindre au vrai système du monde, ne s'étendaient pas même au delà des notions communes, fondées sur le simple rapport des sens; parce qu'en effet c'était au peuple qu'il fallait parler, et que la parole eût été vaine et inintelligible si elle eût été telle qu'on pourrait la prononcer aujourd'hui, puisque aujourd'hui même il n'y a qu'un petit nombre d'hommes auxquels les vérités astronomiques et physiques soient assez connues pour n'en pouvoir douter, et qui puissent en entendre le langage.

« Voyons donc ce qu'était la physique dans ces premiers âges du monde, et ce qu'elle serait encore si l'homme n'eût jamais étudié la nature. On voit le ciel comme une voûte d'azur dans laquelle le soleil et la lune paraissent être les astres les plus considérables, dont le premier produit toujours la lumière du jour, et le second fait souvent celle de la nuit; on les voit paraître ou se lever d'un côté, et disparaître ou se coucher de l'autre, après avoir fourni leur course et donné leur lumière pendant un certain espace de temps, On voit que la mer est de la même couleur que la voûte azurée, et qu'elle paraît toucher au ciel lorsqu'on la regarde au loin. Toutes les idées du peuple sur le système du monde ne portent que sur ces trois ou quatre notions; et quelque fausses qu'elles soient, il fallait s'y conformer pour se faire entendre.

« En conséquence de ce que la mer paraît dans le lointain se réunir au ciel, il était naturel d'imaginer qu'il existe en effet des eaux supérieures et des eaux inférieures, dont les unes remplissent le ciel et les autres la mer, et que, pour soutenir les eaux supérieures, il fallait un firmament, c'est-à-dire un appui, une voûte solide et transparente, au travers de laquelle on aperçût l'azur des eaux supérieures; aussi est-il dit : *Que le firmament soit fait au milieu des eaux, et qu'il sépare les eaux d'avec les eaux, et Dieu fit le firmament, et sépara les eaux qui étaient sous le firmament de celles qui étaient au-dessus du firmament, et Dieu donna au firmament le nom de ciel... et à toutes les eaux rassemblées sous le firmament le nom de mer.* C'est à ces mêmes idées que se rapportent les cataractes du ciel, c'est-à-dire les portes ou les fenêtres de ce firmament solide qui s'ouvrirent lorsqu'il fallut laisser tomber les eaux supérieures pour noyer la terre. C'est encore d'après ces mêmes idées qu'il est dit que les poissons et les oiseaux ont eu une origine commune. Les poissons auront été produits par les eaux inférieures, et les oiseaux par les eaux supérieures, parce qu'ils s'approchent par leur vol de la voûte azurée, que le vulgaire n'imagine pas être beaucoup plus élevée que les nuages. De même que le peuple a toujours cru que les étoiles sont attachées comme des clous à cette voûte solide, qu'elles sont plus petites que la lune et infiniment plus petites que le soleil : il ne distingue pas même les planètes des étoiles fixes ; et c'est par cette raison qu'il n'est fait aucune mention des planètes dans tout le récit de la création ; c'est par la même raison que la lune y est regardée comme le second astre, quoique ce ne soit en effet que le plus petit de tous les corps célestes, etc., etc., etc. »

Ces dernières lignes sont une irréfragable et sévère critique de votre puéril système cosmogonique.

CHAPITRE V.

De la grosseur de la terre.

Tout est relatif dans les œuvres de la création. Ainsi la terre n'est grande que par rapport à nous; mais, relativement à l'incommensurabilité de l'immense espace des cieux, le globe terrestre n'est qu'un point imperceptible, un faible atome du grand tout! car la vaste étendue du système solaire lui-même n'est qu'un point insensible dans l'immensité de l'espace! Et quel espace, quand on observe que toutes les étoiles prises ensemble forment une très-petite partie de l'univers entier, à l'égard duquel les distances prodigieuses des étoiles ne sont rien qu'un grain de sable relativement à la terre [1] !

[1] Voici un passage admirable de l'éloge de Bailly, par M. Arago, où la science de l'astronomie est montrée dans tout son éclat, et qui trouve naturellement sa place ici :

« Lorsque par des mesures où l'évidence des principes peut seule être comparée à la précision des résultats, elle réduit le volume de la terre à moins de la millionième partie du volume du soleil; lorsque le soleil lui-même, transporté dans les régions des étoiles, va prendre une très-modeste place parmi les milliards de ces astres que le télescope a signalés ; lorsque les 38 millions de lieues qui séparent la terre du soleil sont devenues, à raison de leur petitesse comparative, une base totalement impropre à la recherche des dimensions du monde visible; lorsque la vitesse même des rayons lumineux (77 mille lieues par seconde) suffit à peine aux évaluations ordinaires de la science ; lorsque, enfin, par un enchaînement de preuves irrésistibles, certaines étoiles sont reculées jusqu'à des distances que la lumière ne franchirait pas en

« Des milliards d'astres radieux parcourent depuis des millions d'années leurs orbes immenses autour d'un centre inconnu, trône mystérieux de l'univers. Autour de chacun de ces globes toujours flamboyants, centres eux-mêmes d'innombrables soleils, roulent les planètes, sphères de feu aussi, mais dont la surface s'est ternie avec le temps, et, étant devenue solide, a permis à la vie d'y paraître.

« Telle fut établie la pluralité ou plutôt l'infinité des mondes, ensemble sublime, merveilleux concert de la variété dominée par l'unité!

« Parmi les multitudes d'étoiles semées avec tant de profusion dans les cieux [1], au nombre de celles qui, dans

moins d'un million d'années, nous restons comme anéantis sous de telles immensités; en faisant à l'homme, à la planète qu'il habite, une si petite place dans le monde matériel, l'astronomie semble vraiment n'avoir fait de progrès que pour nous humilier.

« Si, envisageant ensuite la question d'un autre point de vue, on se prend à réfléchir sur la faiblesse extrême des moyens naturels à l'aide desquels tant de grands problèmes ont été abordés et résolus; si on considère que, pour saisir et mesurer la plupart des quantités formant la base des calculs astronomiques, l'homme a pu beaucoup perfectionner le plus délicat de ses organes, ajouter immensément à la puissance de son œil; si on remarque qu'il ne lui était pas moins nécessaire de découvrir des méthodes propres à mesurer de très-longs intervalles de temps, jusqu'à la précision des dixièmes de seconde; de combattre les plus microscopiques effets que des variations continuelles de température produisent sur les métaux, et, dès lors, sur tous les instruments; de se garantir des illusions sans nombre que sème sur sa route l'atmosphère froide ou chaude, sèche ou humide, tranquille ou agitée, à travers laquelle se font inévitablement les observations, l'être débile reprend tous ses avantages. A côté de ces merveilleuses œuvres de l'esprit, qu'importe la faiblesse, la fragilité de notre corps; qu'importent les dimensions de la planète, notre demeure, du grain de sable sur lequel il nous est échu d'apparaître quelques instants! »

[1] « Arrêtons d'abord nos regards sur la disposition du système solaire et sur ses rapports avec les étoiles. Le globe immense du soleil, foyer principal de ses mouvements divers, tourne en vingt-cinq jours et demi sur lui-même : sa surface est recouverte d'un océan de ma-

l'univers, comptent comme d'imperceptibles grains de poussière, est une étoile qui éclaire et retient autour d'elle

tière lumineuse dont les vives effervescences forment des taches variables souvent très-nombreuses et quelquefois plus larges que la terre. Au-dessus de cet océan s'élève une vaste atmosphère : c'est au delà que les planètes, avec leurs satellites, se meuvent dans des orbes presque circulaires et sur des plans peu inclinés à l'équateur solaire. D'innombrables comètes, après s'être approchées du soleil, s'en éloignent à des distances qui prouvent que son empire s'étend beaucoup plus loin que les limites connues du système planétaire. Non-seulement cet astre agit par son attraction sur tous ces globes, en les forçant à se mouvoir autour de lui, mais il répand sur eux sa lumière et sa chaleur. Son action bienfaisante fait éclore les animaux et les plantes qui couvrent la terre, et l'analogie nous porte à croire qu'elle produit de semblables effets sur les planètes; car il n'est pas naturel de penser que la matière dont nous voyons la fécondité se développer en tant de façons est stérile sur une aussi grosse planète que Jupiter, qui, comme le globe terrestre, a ses jours, ses nuits et ses années, et sur lequel les observations indiquent des changements qui supposent des forces très-actives. L'homme, fait pour la température dont il jouit sur la terre, ne pourrait pas, selon toute apparence, vivre sur les autres planètes ; mais ne doit-il pas y avoir une infinité d'organisations relatives aux diverses températures des globes de cet univers? Si la seule différence des éléments et des climats met tant de variété dans les productions terrestres, combien plus doivent différer celles des diverses planètes et de leurs satellites? L'imagination la plus active ne peut s'en former aucune idée; mais leur existence est, au moins, fort vraisemblable.

« Portons maintenant nos regards au delà du système solaire. D'innombrables soleils, qui peuvent être les foyers d'autant de systèmes planétaires, sont répandus dans l'immensité de l'espace à un éloignement de la terre tel, que le diamètre entier de l'orbe terrestre, vu de leur centre, est insensible. Plusieurs étoiles éprouvent, dans leur couleur et dans leur clarté, des variations périodiques très-remarquables : il en est d'autres qui ont paru tout à coup, et qui, après avoir pendant quelque temps brillé d'une vive lumière, ont disparu. Telle fut l'étoile qui détermina Hypparque à entreprendre son catalogue d'étoiles, pour mettre la postérité en état de reconnaître les changements que le ciel pourrait éprouver. Telle fut encore la fameuse étoile observée en 1572 dans la constellation de Cassiopée. En peu de temps, elle surpassa la clarté des plus belles étoiles, et de Jupiter même. Sa lumière s'affaiblit ensuite, et l'étoile disparut seize mois après sa découverte, sans avoir

vingt globes, jadis lumineux, puisqu'ils sont des fragments de cette étoile, mais devenus opaques par le refroidissement.

changé de place dans le ciel. Sa couleur éprouva des variations considérables : elle fut d'abord d'un blanc éclatant, ensuite d'un jaune rougeâtre, enfin d'un blanc plombé. Quels changements prodigieux ont dû s'opérer à la surface de ce grand corps, pour avoir été aussi sensibles à la distance qui nous en sépare ! Combien ils doivent surpasser ceux que nous observons à la surface du soleil, et nous convaincre que la nature est loin d'être partout et toujours la même ! Tous ces corps, devenus invisibles, sont à la place où ils ont été observés, puisqu'ils n'en ont point changé durant leur apparition : il existe donc dans l'espace céleste des corps opaques aussi considérables, et peut-être en aussi grand nombre que les corps lumineux.

« Il paraît que ces astres, loin d'être disséminés dans le ciel à des distances à peu près égales, sont rassemblés en divers groupes formés chacun de plusieurs milliards d'étoiles. Notre soleil et les plus brillantes étoiles font probablement partie d'un de ces groupes, qui, vu du point où nous sommes, semble entourer le ciel, et forme la voie lactée. Le grand nombre d'étoiles que l'on aperçoit à la fois dans le champ d'un fort télescope dirigé vers cette voie nous prouve son immense profondeur, qui surpasse mille fois la distance de Syrius à la Terre, de sorte qu'il est vraisemblable que les rayons de la plupart de ces étoiles ont employé un grand nombre de siècles pour venir jusqu'à nous. En s'éloignant de la voie lactée, elle finirait par offrir l'apparence d'une lumière blanche et continue d'un petit diamètre : car alors l'irradiation qui subsiste même dans les meilleurs télescopes couvrirait et ferait disparaître les intervalles des étoiles ; il est donc probable que les nébuleuses sont, pour la plupart, des groupes d'étoiles vus très-loin, et dont il suffirait de s'approcher pour qu'ils présentassent des apparences semblables à la voie lactée. Les distances des étoiles qui forment chaque groupe sont au moins cent mille fois plus grandes que la distance du soleil à la terre. Ainsi on peut juger de la prodigieuse étendue de ces groupes par la multitude innombrable d'étoiles que l'on observe dans la voie lactée. Si l'on réfléchit ensuite au peu de largeur et au grand nombre de nébuleuses qui sont séparées les unes des autres par un intervalle incomparablement plus grand que la distance naturelle des étoiles dont elles sont formées, l'imagination, étonnée de l'immensité de l'univers, aura peine à lui concevoir des bornes. »

(*Système du monde*, de M. Laplace.)

« Cette petite étoile, d'une masse huit cents fois plus considérable que la somme de toutes les vingt planètes réunies, c'est le centre d'attraction de la sphère terrestre, c'est le soleil. Si cet astre paraît plus gros et plus brillant que les autres points étincelants des champs célestes, c'est que sa distance à la terre, bien qu'elle soit d'environ trente-cinq millions de lieues, n'est pourtant rien comparée à l'intervalle d'au moins six trillions quatre cents milliards de lieues qui sépare la terre des autres étoiles.

« Le soleil n'est point fixe dans l'espace. Cet astre, un million quatre cent mille fois plus volumineux que la terre, a un mouvement sur lui-même qu'il accomplit en vingt-cinq jours et demi, et semble être emporté, avec tous les corps qui roulent autour de lui, vers la constellation d'Hercule.

« De ces corps ou planètes, Mercure est situé le plus près du soleil et presque absorbé par ses rayons. Vient ensuite la brillante Vénus. La terre est la troisième planète soumise à l'astre des jours ; accompagnée de la lune, petit globe d'un volume quarante-neuf fois moindre que le sien, elle fait sa révolution dans l'espace d'une année. Plus loin que la terre, on découvre Mars, à la couleur sanglante; puis paraissent Vesta, Junon, Cérès, Pallas, très-petites planètes, sans doute éclats d'une plus considérable, et circulant dans des orbites très-rapprochés. Ensuite se trouvent l'énorme Jupiter avec ses quatre lunes; Saturne, ceint de son étrange anneau et commandant à sept satellites; et enfin la plus éloignée des planètes, Uranus ou Herschell, dont la distance au soleil est de six cent soixante-deux millions de lieues. C'est la limite du système solaire [1].

[1] M. Leverrier n'avait pas encore découvert, à cette époque, sa pla-

« Quel est le rôle que la terre remplit dans ce système?

« Un rôle d'une importance moins que moyenne.

« Comme les autres planètes, la terre, incandescente et fluide, continua de tourner sur son axe et en même temps autour du soleil. Son mouvement de rotation sur elle-même et sa liquidité lui firent prendre naturellement sa forme, celle d'un globe aplati aux deux pôles et renflé au milieu. Toutes les substances de ce corps en combustion étaient placées dans l'ordre de leur pesanteur relative; et au-dessus des plus lourdes, formant le noyau, s'agitait une mer visqueuse et brûlante de granit, de porphyre et de métaux en fusion.

« Cependant la chaleur de ces vagues de feu de la surface du globe alla sans cesse se répandant dans l'espace ; plusieurs milliers d'années s'écoulèrent, et la partie extérieure de la terre perdit alors sa fluidité, se figea, se cristallisa, et donna naissance aux terrains primordiaux, aux couches les plus profondes, celles de granit, de gneiss et de schiste.

« A mesure que le refroidissement s'opéra, les matières que le feu tenait suspendues sous la forme de gaz dans l'immense atmosphère embrasée qui entourait le globe terrestre, telles que le soufre, le plomb, le zinc, le mercure, se transformèrent en liquides, en solides; et lorsque la chaleur eut encore notablement diminué, et que les couches cristallisées furent devenues plus épaisses, l'océan, qui flottait tout entier dans les airs à l'état de vapeurs, se métamorphosa en eau et inonda la croûte solide nouvellement formée de vagues qui durent longtemps être bouillantes.

« Le monde était en progrès, mais aucune trace de vie

nète nommée *Neptune*, n'ayant pas voulu qu'on l'appelât *Janus*, nom qui lui semblait trop significatif.

organisée n'avait encore paru : les principes chimiques, le magnétisme et l'électricité exerçaient seuls toute leur puissance.

« L'océan couvrait la plus grande partie de la terre ; il était chargé de sels, de chaux, de silice, de potasse, de soude, qui formèrent des dépôts et produisirent les premiers marbres.

« La nature était encore terrible ; des tempêtes épouvantables agitaient souvent l'atmosphère épaisse qui pesait sur la terre ; toutefois l'heure de la vie avait sonné : elle fit son apparition.

« Les premiers êtres qui en jouirent furent de la structure la plus simple. Le fond des eaux se couvrit de plantes marines, et dans les lacs et les marécages s'élevèrent des mousses, des fougères, des prêles, des bambous, des roseaux et des palmiers. Cette première végétation était tellement favorisée par l'humidité et la chaleur extrême, que ces plantes devinrent gigantesques et produisirent des forêts immenses qui, dans la suite ensevelies, formèrent d'énormes dépôts de houille ou charbon de terre.

« Parallèlement à la vie végétale commença à s'essayer la vie animale, mais seulement dans les eaux. Les polypes, les méduses aux mille couleurs, vinrent en troupes innombrables, et les zoophytes se mirent à construire leurs demeures calcaires.

« Cependant l'action minérale, silencieuse pour un temps, n'avait pas cessé d'exister. Les matières en fusion dans le globe venaient souvent s'épandre à la surface et superposer des stratifications plutoniques aux couches marines.

« Mais lorsque l'enveloppe du globe eut présenté plus de résistance, les vapeurs, les gaz de l'intérieur embrasé étant comprimés, sans issue, impatients de s'échapper, brisèrent en divers lieux l'écorce de la terre, ici la dressèrent verticalement sur la tranche, là firent surgir à de grandes hauteurs des espaces étendus déjà à découvert, et le fond de la mer chargé de ses dépôts, de ses plantes et de ses animaux.

« Ce ne fut point sans donner la mort à tout ce qui avait vie que purent avoir lieu ce bouleversement et ceux qui le suivirent. Ces cataclysmes changeaient totalement et d'une manière brusque la face du globe, déplaçaient l'océan, transformaient le fond de la mer en montagnes et affaissaient les terrains que l'eau allait submerger. Mais ces destructions mystérieuses, loin de détruire le principe de la vie, servaient à le féconder. Ces convulsions de la nature furent toujours suivies d'un développement, d'un progrès, ou plutôt d'un renouvellement dans les espèces végétales et animales, dont la vie prenait plus d'intensité à mesure que le principe minéral perdait de son énergie.

« A ce premier bouleversement ainsi qu'aux autres du même genre, dont la terre depuis fut souvent le théâtre, tantôt à des intervalles très-longs, tantôt à des intervalles rapprochés, succédèrent de nouvelles créatures d'une organisation plus avancée. C'est alors qu'existèrent les mollusques aux coquilles variées, les élégantes nautiles et les nombreux trilobites.

« De nouvelles révolutions amenèrent de nouveaux êtres. La mer pullula d'ammonites, coquilles à valves recourbées, de longues bélemnites et de gryphées. Bientôt parurent les poissons et les vers, et les reptiles des formes les plus extraordinaires nagèrent dans les eaux ; c'étaient les gigantesques ichthyosaures à la tête de lézard et aux vertèbres de poisson, les plésiosaures au cou de serpent, au corps de crapaud.

« Comme toujours, ces espèces furent détruites par de

nouveaux bouleversements et remplacées par d'autres d'une organisation supérieure : des créations plus récentes s'ajoutaient ainsi aux anciennes. Dans les temps des terrains jurassiques, ce furent les reptiles qui dominèrent exclusivement : alors existèrent de nombreux genres de tortues, des crocodiles à longs museaux, les géosaures et les mégalosaures, énormes lézards grands comme des baleines, et les ptérodactyles, hideux serpents volants et carnassiers.

« Ces animaux eurent le même sort que leurs prédécesseurs ; ils périrent par l'effet des mouvements qui tourmentaient la surface terrestre.

« La vie renaquit plus vigoureuse et plus compliquée ; les animaux à sang chaud furent créés. L'air des bois où les insectes avaient déjà bourdonné, devenu plus pur, résonna du doux chant des oiseaux. La vie ne se limita plus à l'enceinte des eaux, remplies de nouveaux mollusques, de nouveaux poissons, agitées par les phoques, les dauphins et les baleines. Les nombreux continents commencèrent à être habités par des animaux de toutes structures et de toutes mœurs. Ce furent d'abord des palœthériums à la trompe d'éléphant, des anoplothériums, de paresseux mégalonix ; puis de lourds mammouths et des mastodontes, des rhinocéros, des hippopotames, d'innombrables chevaux, des bœufs, des cerfs, et une grande quantité d'animaux cruels, des tigres, des hyènes et des ours.

« C'est à la fin de cette époque, où la vie s'était développée à un si haut degré, que la terre éprouva une catastrophe plus terrible que celles qui l'avaient précédée. La force minérale sans cesse agissante s'était creusé à travers toutes les roches des conduits volcaniques par lesquels les matières en fermentation de l'intérieur du globe s'élançaient au dehors ; mais ces fluides, accumulés en trop grande quantité pour ces issues, soulevèrent diverses parties de l'enveloppe solide avec une violence qu'ils n'avaient jamais eue, et les portèrent à des hauteurs énormes. C'est alors que surgissent les hautes montagues, que les Alpes, les Pyrénées, les chaînes de l'Atlas, des Cordilières, élèvent dans les airs leurs larges plateaux et leurs pics sourcilleux. La mer, déplacée par cette éruption soudaine, peut-être par le choc ou l'approche, de quelque comète, parcourt en fureur toutes les régions, et y porte partout la destruction et le niveau de la mort; des sommets de montagnes sont brisés et jetés au loin, tout est anéanti et entraîné par les eaux de ce grand déluge.

« L'océan s'apaise enfin; le calme reparaît dans la nature, calme de la mort, mais suivi d'une immense renaissance vitale. La mer, les airs, la terre, reçoivent leurs nouveaux habitants.

« Tous les êtres créés jusqu'à ce jour avaient été soumis entièrement à l'empire de la nature matérielle; ils possédaient l'existence, mais sans le savoir. Au milieu d'eux va venir un être, dernière manifestation de la vie et en ayant conscience; un être sur lequel la nature matérielle n'exerce son pouvoir qu'en de certaines limites, un être perfectible contenant en lui une activité originelle; un être *cause* par lui-même, et doué d'organes sensibles, de sentiments, d'intelligence et de RAISON.

« L'homme paraît. »

(*Les Siècles, histoire générale.*)

Vous avez dû vous convaincre, monsieur, par la lecture de ce qui précède, qu'il y a plus de *six mille ans que la terre fonctionne* régulièrement. Croirez-vous Newton, vous qui citiez son témoignage comme non suspect aux yeux de la science; le croirez-vous, dis-je, lorsqu'il prouve qu'il a fallu cinquante mille ans à la terre pour arriver à la température actuelle? Et néanmoins il est loin d'exagérer, puisque, d'après des observations et des expériences subséquentes, il faudrait quatre-vingt-seize mille six cent soixante-dix ans et cent trente-deux jours pour le temps nécessaire au refroidissement d'un globe gros comme la terre, au point de la température actuelle[1].

« Il faut cependant avouer, dit Buffon, que nous ne pouvons juger que très-imparfaitement de la succession des révolutions naturelles ; que nous jugeons encore moins de la suite des accidents, des changements et des altérations; que le défaut des monuments historiques nous prive de la connaissance des faits : il nous manque de l'expérience et du temps ; nous ne faisons pas réflexion que ce temps qui nous manque ne manque point à la nature, nous voulons rapporter à l'instant de notre existence les siècles passés et les âges à venir, sans considérer que cet instant, la vie humaine, étendue même autant qu'elle peut l'être par l'histoire, n'est qu'un point dans la durée, un seul fait dans l'histoire des faits de Dieu. »

[1] Voyez Buffon, tome III, *Histoire des minéraux*, introduction, partie expérimentale, page 216, édition in-8° de F.-D. Pillot

Quelques géologues donnent trois cent mille ans d'ancienneté à notre globe.

CHAPITRE VI.

Du premier homme.

La création du premier homme, et surtout de la première femme, quoique racontée par Moïse avec une magnifique et sublime poésie, se ressent beaucoup de la simplicité des premiers âges, et je ne pense pas que M. l'abbé Mataléne doive m'appliquer l'épithète de *critique de mauvaise foi* (comme il le dit page 12 de son *Anti-Copernic*), parce que je crois que, dans le récit du livre sacré, rien n'est *conforme à la logique et au cours de la nature*, et que tout y répugne à la raison.

Je rends hommage au génie de Moïse, j'admire sa grande imagination cherchant à pénétrer le mystère de l'origine du monde, et de notre espèce en particulier; mais je ne puis concevoir que M. Mataléne, aidé de tant de connaissances acquises depuis l'auteur de la *Genèse*, je ne puis concevoir, dis-je, que M. Mataléne ose soutenir comme vérité qu'Adam et Ève sont les premiers et les seuls auteurs du genre humain; il ne serait pas excusable de croire que Dieu eut besoin d'attendre le sommeil d'Adam pour lui tirer une côte[1], afin d'en former la première femme: cette croyance est plus qu'absurde; elle est ridicule! Quelle idée donnez-vous de la puissance du Grand Être, en dé-

[1] Le Créateur endort Adam afin de lui faire l'extraction d'une de ses côtes sans douleur, absolument comme, six mille ans après, la science médicale se sert de l'éther et du chlore pour opérer un malade sans le faire souffrir.

bitant une telle fable? Je vous suppose trop de bon sens, monsieur, pour ajouter foi à de semblables niaiseries. Vous craigniez probablement d'être accusé d'hétérodoxie, en avouant que Moïse était dans l'erreur, quoiqu'il fût certainement très-avancé pour son époque et son pays. L'histoire d'Adam et d'Ève n'est qu'un conte puéril, incapable de satisfaire à l'explication de l'origine des différentes races humaines répandues sur toute la surface du globe.

Ayez, monsieur, une plus haute idée de la Toute-puissance du Créateur, « car, quelque part et quelque loin que l'on ait pénétré depuis la perfection de l'art de la navigation, l'homme a trouvé partout des hommes; les terres les plus disgraciées, les îles les plus isolées, les plus éloignées des continents, se sont presque toutes trouvées peuplées. Et l'on ne peut pas dire que ces hommes, tels que ceux des îles Marianes, ou ceux d'Otahiti, et des autres petites îles situées dans le milieu des mers à de si grandes distances de toutes terres habitées, ne soient néanmoins des hommes de notre espèce, puisqu'ils peuvent produire avec nous, et que les petites différences qu'on remarque dans leur nature ne sont que de légères variétés causées par l'influence du climat et de la nourriture[1]. » (BUFFON.)

[1] Les anciens s'étaient à tort imaginé que la zone torride, embrasée des feux du soleil, ne permettait pas aux habitants des deux zones tempérées de communiquer ensemble. Ces préjugés, qui rétrécissaient l'univers, ont disparu devant les lumières que les Colomb, les Gama, les Cook, nous ont procurées. Les navigateurs ont trouvé des habitants dans les climats les plus brûlants et dans le voisinage des pôles, sur les côtes les moins abordables, et dans ces îles qu'un immense océan semblait séparer du reste du monde. Les îles du Spitzberg et de la Nouvelle-Zemble, au nord, la terre Sandwich, les îles Falkland et de Kerguelen, au sud, sont les seuls pays d'une grandeur remarquable qui se soient trouvés sans habitants.

« La terre entière est donc la patrie de l'homme. Il supporte tous les climats, et ses habitations s'étendent jusqu'aux derniers confins de la nature animée. Les Esquimaux de Groenland habitent jusque sous

Chaque peuple, chaque nation, selon ses traditions différentes, selon son génie particulier, s'est formé des idées diverses sur la création du globe terrestre et sur sa durée, et le fait naître à des époques plus ou moins reculées ; chaque peuple a eu sa création, ainsi que son Dieu ; chaque nation a eu la présomption de connaître seule l'origine de l'univers, en inventant, pour satisfaire sa curiosité, des fables que le temps et le préjugé ont consacrées comme vérités. En conséquence, chaque peuple aussi a eu son premier homme. Les Chinois ont eu Poenck-Ou ; les Chaldéens, Alorus ; les Arabes, Safi ; les Hébreux ont nommé le leur Adam, d'après Moïse, et c'est celui-là que vous regardez comme le premier de tous les hommes.

Il y a absence totale d'intelligence chez celui qui croit aveuglément tout ce que la tradition nous a légué, et qui ne s'accorde pas avec l'observation des faits. Puisque vous concédez à Dieu la puissance de créer un homme, pourquoi, monsieur, limiter ainsi son pouvoir, et ne pas lui

le 80e parallèle. A l'autre extrémité, la stérile Terre-de-Feu nourrit les pauvres Pecherais. Le nouveau monde, quoique en général moins peuplé, est donc habité d'un bout à l'autre. Dans l'ancien continent, les habitations de l'homme forment un ensemble qui n'est interrompu que par quelques landes sablonneuses ; et, au milieu même de ces déserts, l'homme a peuplé les *oasis*, ces îles de verdure éparses dans un océan de sable.

« Le corps humain supporte, sur les bords du Sénégal, un degré de chaleur qui fait bouillir l'esprit-de-vin ; dans le nord-est de l'Asie, il résiste à un froid qui rend le mercure solide et malléable. Les expériences de Fordyce, de Boerhaave et de Tillet prouvent que l'homme est plus capable que la plupart des animaux de supporter un très-grand degré de chaleur. On peut croire que notre corps résisterait également à un froid extrême, pourvu qu'il eût les mouvements libres. Comme d'ailleurs le froid ne doit guère augmenter au delà du 78e ou du 80e degré, il est probable que l'homme ferait voile sous les pôles aussi bien que sous l'équateur, s'il n'y était pas arrêté par les glaces. »

(MALTE-BRUN, *Géographie universelle*, liv XLVI.)

supposer assez d'étendue pour placer des premiers hommes dans tous les différents climats où les voyageurs les ont rencontrés? Comment expliquerez-vous l'existence des hommes rouges, des jaunes, des noirs, etc.? Est-ce par l'entremise d'Adam et d'Ève, qui étaient de la race blanche, puisque vous placez leur berceau en Arabie?

Et cependant, comme la race nègre est dans le genre humain celle que la grande chaleur incommode le moins, ne doit-on pas en conclure avec assez de vraisemblance qu'elle est plus ancienne que celle des hommes blancs?

Longtemps avant la création supposée d'Adam et d'Ève, nos premiers parents d'après Moïse, création qui eut lieu il y a bientôt six mille ans, selon la chronologie et la généalogie bibliques; longtemps avant la venue d'Adam sur cette terre, dis-je, de violentes convulsions du globe anéantirent de nombreuses populations humaines dans différentes contrées que l'Océan recouvre maintenant, et qui n'eurent jamais de relations entre elles, témoin l'Atlantide, aujourd'hui recouverte par l'Océan Atlantique, et qui, près de quatre mille ans avant Jésus-Christ, était très-peuplée et déjà civilisée, ce qui suppose une longue suite d'années de tranquillité; témoin encore la Taprobane, où se trouve aujourd'hui Ceylan; et tant d'autres régions du globe, très-éloignées les unes des autres, qui ont été jadis submergées par les eaux envahissantes de l'Océan.

Du reste, voici l'opinion hypothétique de Buffon sur la submersion des différentes parties du globe terrestre, par l'écroulement des immenses cavernes primitives produites lors de la consolidation de la terre par le refroidissement, opinion confirmée par les faits que la science recueille et enregistre chaque jour :

« Le globe terrestre, en se consolidant par le refroidissement, a formé, comme toutes les autres matières fondues, des éminences, des profondeurs, des cavités, des boursouflures dans toute l'étendue de sa surface; plusieurs de ces cavernes produites par le feu primitif, après s'être soutenues pendant quelque temps, se sont ensuite fendues par le refroidissement successif, qui diminue le volume de toute matière; bientôt elles se seront écroulées, et par leur affaissement elles ont formé les bassins actuels de la mer, où les eaux, qui étaient autrefois très-élevées au-dessus de ce niveau, se sont écoulées et ont abandonné les terres qu'elles couvraient dans le commencement : ces cavités intérieures formées par le feu sont les cavernes primitives, et se trouvent en bien plus grand nombre vers les contrées du Midi que dans celles du Nord, parce que le mouvement de rotation qui a élevé ces parties de l'équateur avant la consolidation y a produit un plus grand déplacement de la matière, et, en retardant cette même consolidation, aura concouru avec l'action du feu pour produire un plus grand nombre de boursouflures et d'inégalités dans cette partie du globe que dans toute autre. Les eaux venant des pôles n'ont pu gagner ces contrées méridionales, encore brûlantes, que quand elles ont été refroidies; les cavernes qui les soutenaient s'étant successivement écroulées, la surface s'est abaissée et rompue en mille et mille endroits. Les plus grandes inégalités du globe se trouvent, par cette raison, dans les climats méridionaux : les cavernes primitives y sont encore en plus grand nombre que partout ailleurs; elles y sont aussi situées plus profondément, c'est-à-dire peut-être jusqu'à cinq et six lieues de profondeur, parce que la matière du globe a été remuée jusqu'à cette profondeur par le mouvement de rotation, dans le temps de sa liquéfaction. Mais les cavernes qui se trouvent dans les hautes montagnes ne doivent pas toutes leur origine à cette même cause du feu primitif : celles qui gisent le plus profondément au-dessous de ces montagnes sont les seules qu'on puisse attribuer à l'action de ce premier feu ; les autres, plus extérieures et plus élevées dans la montagne, ont été formées par des causes secondaires ; car on doit compter trois espèces de cavernes produites par la nature : les premières, en vertu de la puissance du feu primitif ; les secondes, par l'action des eaux ; et les troisièmes, par la force des feux souterrains : et chacune de ces cavernes, différentes par leur origine, peuvent être distinguées et reconnues à l'inspection des matières qu'elles contiennent ou qui les environnent.

« On peut attribuer la division entre l'Europe et l'Amérique à l'affaissement des terres qui formaient autrefois l'Atlantide, cette grande île dont parlent Diodore de Sicile, et Platon dans son *Timée*. Cette grande terre Atlantide, qui s'étendait fort au loin à l'occident des colonnes d'Hercule, était très-peuplée, et gouvernée par des rois puissants qui commandaient à plusieurs milliers de combattants ; elle fut inondée et abîmée sous les eaux de la mer que nous nommons maintenant l'Océan Atlantique. Les bancs de Terre-Neuve, l'Irlande, les Açores et les autres îles et hauts-fonds qui se trouvent entre le Canada et l'Espagne, semblent nous présenter aujourd'hui les sommets les plus élevés de ces terres affaissées sous les eaux.

« Les Atlantes, chez qui régnait, trois mille neuf cents ans avant Jésus-Christ, Atlas, fils d'Uranus, frère de Saturne, paraissent être les plus anciens peuples de l'Afrique occidentale, et beaucoup plus anciens que les Égyptiens, et c'est probablement dans le temps de cette grande éruption d'un peuple innombrable qui sortit de l'Atlantide et se jeta sur une grande partie de l'Europe, de l'Asie et de l'Afrique, que la théogonie des Atlantes s'introduisit en

Égypte, en Éthiopie et en Phénicie. Dans ces contrées, tout est fondé sur les connaissances des Atlantes, tandis que les peuples orientaux, Chaldéens, Indiens et Chinois, n'ont été instruits que plus tard, et ont toujours formé des peuples qui n'ont pas eu de relation avec les Atlantes, dont l'irruption est plus ancienne que la première date d'aucun de ces derniers peuples.

« La plus ancienne tradition qui reste des affaissements dans les terres du Midi est celle de la perte de la Taprobane, terre située dans le voisinage de la zone torride, dont on croit que les Maldives et les Laquedives ont fait autrefois partie. Ces îles, ainsi que les écueils et les bancs qui règnent depuis Madagascar jusqu'à la pointe de l'Inde, semblent indiquer les sommets des terres qui réunissaient l'Afrique avec l'Asie; car ces îles ont presque toutes, du côté du nord, des terres et des bancs qui se prolongent très-loin sous les eaux.....

« C'est dans les terres de la zone torride où se sont faits les plus grands bouleversements : pour en être convaincu, il ne faut que jeter les yeux sur un globe géographique; on reconnaîtra que presque tout l'espace compris entre les cercles de cette zone ne présente que les débris de continents bouleversés et d'une terre ruinée. L'immense quantité d'îles, de détroits, de hauts et de bas-fonds, de bras de mer et de terre entrecoupés, prouve les nombreux affaissements qui se sont faits dans cette vaste partie du monde. Les montagnes y sont plus élevées, les mers plus profondes, que dans tout le reste de la terre; et c'est sans doute lorsque ces grands affaissements se sont faits dans les contrées de l'équateur que les eaux qui couvraient nos continents se sont abaissées et retirées en coulant à grands flots vers ces terres du Midi, dont elles ont rempli les profondeurs, en laissant à découvert d'abord les parties les plus élevées des terres, ensuite toute la surface de nos continents.....

« Combien d'irruptions particulières se sont faites alors de tous côtés ! A mesure que quelque grand affaissement présentait une nouvelle profondeur, la mer s'abaissait et les eaux couraient pour la remplir ; et quoiqu'il paraisse aujourd'hui que l'équilibre des mers soit à peu près établi, et que toute leur action se réduise à gagner quelque terrain vers l'occident et en laisser à découvert vers l'orient, il est néanmoins très-certain qu'en général les mers baissent tous les jours de plus en plus, et qu'elles baisseront encore à mesure qu'il se fera quelque nouvel affaissement, soit par l'effet des volcans et des tremblements de terre, soit par des causes plus constantes et plus simples : car toutes les parties caverneuses de l'intérieur du globe ne sont pas encore affaissées ; les volcans et les secousses des tremblements de terre en sont une preuve démonstrative. Les eaux mineront peu à peu les voûtes et les remparts de ces cavernes souterraines ; et lorsqu'il s'en écroulera quelques-unes, la surface de la terre, se déprimant dans ces endroits, formera de nouvelles vallées dont la mer viendra s'emparer. Néanmoins, comme ces événements, qui, dans les commencements, devaient être très-fréquents, sont actuellement assez rares, on peut croire que la terre est à peu près parvenue à un état assez tranquille pour que ses habitants n'aient plus à redouter les désastreux effets de ces grandes convulsions.....

« Les mêmes causes qui ont produit la première retraite des eaux de la mer et son abaissement successif ne sont pas absolument anéanties. Si l'on faisait ces observations dans tous les pays du monde, on trouverait généralement que la mer se retire de toutes parts. La mer était dans le commencement élevée de plus de deux mille toises au-dessus de son niveau actuel : les grandes boursouflures de la surface du globe, qui se sont écroulées les premières, ont fait baisser les eaux, d'abord rapidement ; ensuite, à mesure que d'autres cavernes moins considérables se sont affaissées, la mer se sera proportionnellement déprimée ; et, comme il existe encore un assez grand nombre de cavités qui ne sont pas écroulées, et que de temps en temps cet effet doit arriver, soit par l'action des volcans, soit par la seule force de l'eau, soit par l'effort des tremblements de terre, il me semble qu'on peut prédire, sans crainte de se tromper, que les mers se retireront de plus en plus avec le temps, en s'abaissant encore au-dessous de leur niveau actuel, et que par conséquent l'étendue des continents terrestres ne fera qu'augmenter avec les siècles.....

« ..... Il est plus que probable qu'il subsiste encore aujourd'hui dans l'intérieur du globe un certain nombre de ces anciennes cavernes, dont l'affaissement pourra produire de semblables effets, en abaissant quelques espaces du globe, qui deviendront dès lors de nouveaux réceptacles pour les eaux ; et, dans ce cas, elles abandonneront en partie le bassin qu'elles occupent aujourd'hui, pour couler par leur pente naturelle dans ces endroits plus bas. Par exemple, on trouve des bancs de coquilles marines sur les Pyrénées jusqu'à quinze cents toises de hauteur au-dessus du niveau de la mer actuel. Il est donc bien certain que les eaux, dans le temps de la formation de ces coquilles, étaient de quinze cents toises plus élevées qu'elles ne le sont aujourd'hui ; mais lorqu'au bout d'un temps les cavernes qui soutenaient les terres de l'espace où gît actuellement l'océan Atlantique se sont affaissées, les eaux, qui couvraient les Pyrénées et l'Europe entière, auront coulé avec rapidité pour remplir ces bassins, et auront par conséquent laissé à découvert toutes les terres de cette partie du monde. La même chose doit s'entendre de tous les autres pays; il paraît qu'il n'y a que les sommets des plus hautes montagnes auxquels les eaux de la mer n'aient jamais atteint, parce qu'ils ne présentent aucuns débris des productions marines, et ne donnent pas des indices aussi évidents du séjour des mers : néanmoins, comme quelques-unes des matières dont ils sont composés, quoique toutes du genre vitrescible, semblent n'avoir pris leur solidité, leur consistance et leur dureté, que par l'intermède et le gluten de l'eau, et qu'elles paraissent s'être formées, comme nous l'avons dit, dans les masses de sable ou de poussière de verre, qui étaient autrefois aussi élevées que ces pics de montagnes, et que les eaux des pluies ont, par succession de temps, entraînées à leur pied, on ne doit pas prononcer affirmativement que les eaux de la mer ne se soient jamais trouvées qu'au niveau où l'on trouve des coquilles; elles ont pu être encore plus élevées, même avant le temps où leur température a permis aux coquilles d'exister. La plus grande hauteur à laquelle s'est trouvée la mer universelle ne nous est pas connue; mais c'est en savoir assez que de pouvoir assurer que les eaux étaient élevées de quinze cents ou de deux mille toises au-dessus de leur niveau actuel, puisque les coquilles se trouvent à quinze cents toises dans les Pyrénées et à deux mille toises dans les Cordilières..... » (Buffon, *Époques de la Nature et Théorie de la Terre.*)

Ainsi donc, monsieur, Adam et Ève ont pu être les premiers parents des Hébreux, j'en crois la tradition rapportée par Moïse; mais je suis convaincu que vous ne pensez pas qu'ils soient l'unique souche du genre humain : vous avez assez d'esprit pour cela. D'ailleurs tout prouve l'absurdité de cette origine commune de l'espèce humaine, et il est hors de doute maintenant, abstraction faite de toute croyance religieuse, que l'homme a subi, comme toute autre création de Dieu, les différentes influences des contrées où il fut placé, et qu'il y eut en même temps, sur tous les points du globe habitables, des premiers hommes ; car chaque peuple, dans sa tradition particulière, prétend, comme les Hébreux, avoir eu son premier père, sorti directement et sans intermédiaire de la main du Créateur.

Ce qui prouve encore que notre espèce existait sur la terre bien avant Adam, c'est la découverte d'ossements fossiles d'énormes éléphants trouvés en grande abondance dans le bassin de l'Ohio. Ces squelettes étaient encore couverts d'innombrables pierres à flèches dont se servaient les hommes contemporains de ces animaux pour leur faire la chasse. Et tout le monde sait que le climat du Canada, qui jadis était très-favorable à la nature de l'éléphant, est trop froid aujourd'hui pour qu'il puisse s'y propager. Donc il s'est écoulé bien des siècles depuis la disparition de ces animaux dans ces contrées. Et puisque l'on a trouvé sur les squelettes de ces énormes animaux des traces palpables de l'existence de l'homme leur contemporain, par la découverte de nombreuses pierres à flèches qui servirent à les chasser, il est évident que ce n'est pas Adam, notre premier père supposé, qui a peuplé ces contrées, habitées bien longtemps avant sa création, qui ne remonte pas au delà de six mille ans.

D'ailleurs, la multitude d'idiomes qui renferment beaucoup de cris à peine articulés, beaucoup de sons bizarres, de hurlements, de sifflements inventés à l'imitation des animaux, ou par le besoin de se distinguer d'une peuplade ennemie, est un fait qui embarrasse ceux qui voient dans l'unité du genre humain une vérité historique, susceptible de démonstration. L'histoire véritable, en remontant aux temps les plus reculés, trouve l'espèce humaine, comme les végétaux et les animaux, disséminée sur toute la surface du globe et divisée en innombrables petites tribus ou familles, parlant chacune un idiome particulier, imparfait et souvent bizarre. La fusion artificielle de ces jargons primitifs a donné naissance aux langues régulières, dont peut-être aucune n'est antérieure à la naissance des cités.

La puissance de Dieu est toujours active, et se manifeste sans cesse à nos yeux par une création continuelle. Les molécules organiques vivantes, absorbées par les moules créés par la puissance divine, produisent toujours des individus semblables. Mais qu'une race entière d'animaux soit détruite complétement, les molécules organiques vivantes n'étant plus absorbées par des moules existants, et étant toujours actives, elles se réuniront par la loi de l'affinité, et il en résultera des êtres nouveaux. C'est ce qui a eu lieu, et c'est ce qui arrivera toujours avec les mêmes causes. Ne voyez-vous pas chaque jour naître spontanément des insectes, des animalcules, sans que, pour cela, il ait été besoin du concours des deux sexes de la même espèce ? La vie est incessante : la mort même, qui en est la fin, en est aussi le commencement. Toujours les mêmes causes produiront les mêmes effets, avec les conditions nécessaires à leur accomplissement.

En général, la même température, c'est-à-dire le même degré de chaleur, produit partout les mêmes plantes sans qu'elles y aient été transportées. Il en a été de même pour la vie animale dans les différents climats de la terre.

Il existe quatre races principales dans le genre humain : la race blanche, la race jaune, la race rouge, et la race noire. La civilisation, cette autre force créatrice, par le croisement des espèces, a produit une infinité d'autres nuances, qui effacent, pour ainsi dire, le type originel ; le mélange des diverses familles humaines est cause d'une multitude de modifications qui se perpétuent et qu'il est très-difficile de classer [1].

[1] Les variétés de couleurs semblent également dépendre des circonstances extérieures. La même nation renferme souvent des individus de teintes extrêmement différentes. La cause de la couleur réside dans le tissu muqueux et réticulaire qui est immédiatement sous l'épiderme. Si, par l'influence d'une extrême chaleur ou par quelque autre cause locale, le carbone surabonde dans l'économie animale, il est rejeté au dehors avec l'hydrogène par l'action des vaisseaux sanguins du derme; mais le contact avec l'air atmosphérique l'ayant précipité, il vient se fixer dans le réseau muqueux. Cette explication, fournie par la chimie moderne, nous fait concevoir pourquoi la peau des blancs noircit dans certaines maladies, tandis que les nègres, dans le même cas, blanchissent ou plutôt jaunissent. L'un et l'autre phénomènes indiquent un dérangement dans les sécrétions. Mais nous ne dissimulerons point le seul inconvénient de cette explication : si les nègres descendent d'une race originairement blanche, il a fallu des millions d'années pour que l'action répétée du climat leur rendît la couleur noire héréditaire. Or, les monuments géologiques semblent démontrer le peu d'antiquité du genre humain. « Ainsi, nous diront certains philosophes, ou accordez-« nous pour l'action des causes qui ont formé les races humaines une « immense série de siècles, ou avouez que ces races, si elles n'existent « que depuis cinq à six mille ans, ont dû naître de couples différents, « et qui déjà offraient tous les caractères de leurs descendants. »

(Malte-Brun, *Géographie universelle*, liv. XLVI.)

« Quelle que soit l'influence de l'action solaire sur la peau, il est certain que celle-ci revient à son premier état lorsqu'elle n'est plus soumise à cette action. Cette action, d'ailleurs, a des bornes assez restreintes : elle n'est certainement pas de nature à transformer une nation de blancs en nègres ni une nation de nègres en blancs, sous quelque latitude qu'elles s'établissent, et quelque longue que puisse être la durée de l'action du climat. Depuis environ trois siècles que les Portugais sont établis sur la côte de Guinée, sur le territoire qui nourrit la race nègre, on ne voit pas qu'ils aient pris une teinte plus foncée que sous le soleil du Portugal. Les Portugaises et les Espagnoles sont même devenues, au Brésil et aux Philippines, plus blanches que dans leur patrie. On ne voit pas non plus que, dans

Ainsi, monsieur, tout prouve que l'homme et les animaux, de même que les végétaux, ont été créés en grand nombre dans tous les climats où la température pouvait leur convenir.

« Les rennes et les autres animaux qui ne peuvent subsister que dans les climats les plus froids sont venus les derniers ; et qui sait si, par succession de temps, lorsque la terre sera refroidie, il ne paraîtra pas de nouvelles espèces dont le tempérament différera de celui du renne autant que la nature du renne diffère à cet égard de celle de l'éléphant? » (BUFFON.)

« Dans tous les lieux où la température est la même, on trouve non-seulement les mêmes espèces de plantes, les mêmes espèces d'insectes, les mêmes espèces de reptiles, sans les y avoir portées, mais aussi les mêmes espèces de poissons, les mêmes espèces de quadrupèdes, les mêmes espèces d'oiseaux, sans qu'ils y soient allés; et je remarquerai en passant qu'on s'est souvent trompé en attribuant à la migration et au long voyage des oiseaux les espèces

l'Amérique septentrionale, les nègres soient d'une couleur moins noire. D'ailleurs, ce qui renverse toutes les suppositions des partisans de l'influence des climats sur la teinte de la peau, c'est qu'aux mêmes latitudes on trouve, dans les diverses parties du globe, des peuples de couleur différente. Cette observation a été faite avec beaucoup de sagacité par M. Bory de Saint-Vincent : « Sous ce brûlant équateur, dit-il, « qui traverse dans l'ancien monde la patrie des Ethiopiens et des « Papous couleur d'ébène, on n'a pas trouvé de nègres en Amérique; « les naturels de cette autre terre semblent au contraire d'autant plus « blancs qu'ils se rapprochent davantage de la ligne équinoxiale ; et la « preuve que la couleur noire n'est pas causée uniquement par l'ardeur « des contrées intertropicales, c'est que les Lapons et les Groënlandais, « nés sous un ciel glacial, ont la peau plus foncée que les Malais des « parties les plus chaudes de l'univers. » Ajoutons que sous le même climat on voit les Japonais à la peau d'un jaune orange pâle, et les Aïnos au teint brun-verdâtre, que l'on a comparé à la couleur des écrevisses vivantes. (J. HUOT, continuateur de MALTE-BRUN.)

de l'Europe qu'on trouve en Amérique ou dans l'orient de l'Asie, tandis que ces oiseaux d'Amérique et d'Asie, tout à fait semblables à ceux de l'Europe, sont nés dans leur pays, et ne viennent pas plus chez nous que les nôtres ne vont chez eux. La même température nourrit, produit partout les mêmes êtres.....

« Toute production, toute génération, et même tout accroissement, tout développement, supposent le concours et la réunion d'une grande quantité de molécules organiques vivantes ; ces molécules, qui animent tous les corps organisés, sont successivement employées à la nutrition et à la génération de tous les êtres. Si tout à coup la plus grande partie de ces êtres était supprimée, on verrait paraître des espèces nouvelles, parce que ces molécules organiques, qui sont indestructibles et toujours actives, se réuniraient pour composer d'autres corps organisés ; mais étant entièrement absorbées par les moules intérieurs des êtres existants, il ne peut se former d'espèces nouvelles, du moins dans les premières classes de la nature, telles que celles des grands animaux[1]. » (BUFFON.)

[1] « La force inconnue qui a répandu sur le globe la vie animale, et qui l'y entretient, n'a pas sans doute été circonscrite dans une seule région. Partout la matière a dû s'animer à la voix du grand Être ; partout les molécules élémentaires, en se rapprochant, en se disposant en fibres, en muscles et en os, ont dû présenter le spectacle de cette *génération spontanée* qui probablement a lieu tous les jours pour les *animaux infusoires*, pour ces *monades*, que la vue armée même n'aperçoit que comme un point ; pour ces *volvoces*, qui ne sont qu'un globe de matière sans organes ; pour ces *rotifères*, qui, après être restés desséchés pendant plusieurs années, reprennent de la vie dès qu'on les humecte. Il est difficile de croire qu'il existe dans cette première tendance de la matière vers l'organisation des différences fondées sur la position géographique des lieux

« Les *zoophytes*, ou *animaux végétaux*, nous offrent les premières ébauches de la force créatrice ; ce ne sont pas encore des êtres indi-

L'homme, après sa naissance, n'a pas été placé, comme vous semblez le croire, dans un jardin délicieux, que vous appelez *Paradis terrestre ;* mais, grâce à son intelligence, il a pu se le créer : « car, par le rayon divin qu'il a plu au souverain Être de lui départir, il a pu modifier les effets de la nature; par cette lumière divine, il a trouvé le moyen de résister aux intempéries des climats; il a créé de la chaleur, lorsque le froid l'a détruite : la découverte et les usages de l'élément du feu l'ont rendu plus fort et plus robuste qu'aucun des animaux, et l'ont mis en état de braver les tristes effets du refroidissement. D'autres arts, c'est-à-dire d'autres traits de son intelligence, lui ont fourni des vêtements, des armes, et bientôt il s'est trouvé le maître du domaine de la terre; ces mêmes arts lui ont donné les moyens d'en parcourir toute la surface et de s'habituer partout, parce qu'avec plus ou moins de précautions tous les climats lui sont devenus pour ainsi dire égaux..... » (Buffon.)

Avant de créer l'homme, Dieu a voulu donner tout le temps nécessaire à la terre pour se consolider, se refroidir, se découvrir, se sécher, et arriver enfin à l'état de repos et de tranquillité où l'homme pouvait être le témoin intelligent, l'admirateur paisible du grand spectacle de la nature et des merveilles de la création. L'homme a été créé le dernier, et il est venu prendre le sceptre de la terre quand elle s'est trouvée digne de son empire. Après les arts de première nécessité, sont bientôt venues les sciences, également nécessaires à l'exercice de la puissance

viduels, ce sont des masses confuses ou ramifiées de plusieurs êtres animés d'un commencement de vie, et dont chaque espèce a son domicile déterminé par la température qui lui est nécessaire. »

(Malte-Brun, *Géographie universelle*, liv. XLV.)

de l'homme, et sans lesquelles il n'aurait pu former de société, ni compter sa vie, ni commander aux animaux, ni se servir autrement des végétaux que pour les brouter.

CHAPITRE VII.

De l'origine des sciences et des arts.

Dans votre résumé de la création rapportée par Moïse, vous supposez que le premier homme avait la science infuse, en disant que Dieu lui présenta tous les animaux, afin qu'il donnât un nom à chacun d'eux. Votre supposition, que je ne crois pas sérieuse, est, monsieur, on ne peut plus puérile, et impardonnable de votre part ; car vous devez savoir, observateur attentif et curieux, comme vous semblez l'être, par combien de phases différentes l'homme a dû passer avant d'arriver au degré de civilisation auquel nous le voyons aujourd'hui dans nos nations policées. Je laisse encore parler Buffon, l'éloquent et sublime historien de la nature, que je cite toujours avec plaisir, et que je lis avec un charme toujours nouveau :

« Les premiers hommes, témoins des mouvements convulsifs de la terre, encore récents et très-fréquents, n'ayant que les montagnes pour asiles contre les inondations, chassés souvent de ces mêmes asiles par le feu des volcans, tremblants sur une terre qui tremblait sous leurs pieds, nus d'esprit et de corps, exposés aux injures de tous les éléments, victimes de la fureur des animaux féroces, dont ils ne pouvaient éviter de devenir la proie ; tous également pénétrés du sentiment commun d'une terreur funeste, tous également pressés par la nécessité, n'ont-ils pas très-promptement cherché à se réunir, d'abord pour se défendre par le nombre, ensuite pour s'aider et travailler de concert à se faire un domicile et des armes? Ils ont commencé par aiguiser en forme de haches ces cailloux durs, ces jades, *ces pierres de foudre*, que l'on a crues tombées des nues et formées par le tonnerre, et qui néanmoins ne sont que les premiers monuments de l'art de l'homme dans l'état de pure nature : il aura bientôt tiré du feu de ces mêmes cailloux en les frappant les uns contre les autres; il aura saisi la flamme des volcans, ou profité du feu des laves brûlantes pour le communiquer, pour se faire jour dans les forêts, les broussailles; car, avec le secours de ce puissant élément, il a nettoyé, assaini, purifié les terrains qu'il voulait habiter; avec la hache de pierre, il a tranché, coupé les arbres, menuisé le bois, façonné ses armes et les instruments de première nécessité. Et, après s'être munis de massues et d'autres armes pesantes et défensives, ces premiers hommes n'ont-ils pas trouvé le moyen d'en faire d'offensives plus légères, pour atteindre de loin? Un nerf, un tendon d'animal, des fils d'aloès, ou l'écorce souple d'une plante ligneuse, leur ont servi de corde pour réunir les deux extrémités d'une branche élastique dont ils ont fait leur arc; ils ont aiguisé d'autres petits cailloux pour en armer la flèche. Bientôt ils auront eu des filets, des radeaux, des canots, et s'en sont tenus là tant qu'ils n'ont formé que de petites nations composées de quelques familles, ou plutôt de parents issus d'une même famille, comme nous le voyons encore aujourd'hui chez les sauvages, qui veulent demeurer sauvages, et qui le peuvent, dans les lieux où l'espace libre ne leur manque pas plus que le gibier, le poisson et les fruits. Mais dans tous ceux où l'espace s'est trouvé confiné par les eaux, ou resserré par les hautes montagnes, ces petites nations, devenues trop nombreuses, ont été forcées de partager leur terrain entre elles ; et c'est de ce moment que la terre est devenue le domaine de l'homme : il en a pris possession par ses travaux de culture, et l'attachement à la patrie a suivi de très-près les premiers actes de sa propriété! L'intérêt particulier faisant partie de l'intérêt national, l'ordre, la police et les lois ont dû succéder, et la société prendre de la consistance et des forces.

« Néanmoins ces hommes, profondément affectés des calamités de leur premier état, et ayant encore sous leurs yeux les ravages des inondations, les incendies des volcans, les gouffres ouverts par les secousses de la terre, ont conservé un souvenir durable et presque éternel de ces malheurs du monde : l'idée qu'il doit périr par un déluge universel, ou par un embrasement général, le respect pour certaines montagnes sur lesquelles ils s'étaient sauvés des inondations ; l'horreur pour ces autres montagnes qui lançaient des feux plus terribles que ceux du tonnerre ; la vue de ces combats de la terre contre le ciel, fondement de la fable des Titans et de leurs assauts contre les dieux ; l'opinion de l'existence réelle d'un être malfaisant, la crainte et la superstition qui en sont le premier produit ; tous ces sentiments fondés sur la terreur se sont dès lors emparés à jamais du cœur et de l'esprit de l'homme : à peine est-il encore aujourd'hui rassuré par l'expérience des temps, par le calme qui a succédé à ces siècles d'orages, enfin par la connaissance des effets et des opérations de la nature ; connaissance qui n'a pu s'acquérir qu'après l'établissement de quelque grande société dans des terres paisibles.

« Ce n'est point en Afrique, ni dans les terres de l'Asie les plus avancées vers le midi, que les grandes sociétés ont pu d'abord se former ; ces contrées étaient encore brûlantes et désertes. Ce n'est point en Amérique, qui n'est évidemment, à l'exception de ses chaînes de montagnes, qu'une terre nouvelle ; ce n'est pas même en Europe, qui n'a reçu que fort tard les lumières de l'Orient, que se sont établis les premiers hommes civilisés, puisque avant la fondation de Rome les contrées les plus heureuses de cette partie du monde, telles que l'Italie, la France et l'Allemagne, n'étaient encore peuplées que d'hommes plus qu'à demi sauvages. Lisez Tacite, sur les mœurs des Germains; c'est le tableau de celles des Hurons, ou plutôt des habitudes de l'espèce humaine entière sortant de l'état de nature. C'est donc dans les contrées septentrionales de l'Asie que s'est élevée la tige des connaissances de l'homme, et c'est sur ce tronc de l'arbre de la science que s'est élevé le trone de sa puissance : plus il a su, plus il a pu ; mais aussi moins il a fait, moins il a su. Tout cela suppose les hommes actifs dans un climat heureux, sous un ciel pur pour l'observer, sur une terre féconde pour la cultiver, dans une contrée privilégiée, à l'abri des inondations, éloignée des volcans, plus élevée et par conséquent plus anciennement tempérée que les autres. Or toutes ces conditions, toutes ces circonstances, se sont trouvées réunies dans le centre du continent de l'Asie, depuis le 40e degré de latitude jusqu'au 55e. Les fleuves qui portent les eaux dans la mer du Nord, dans l'Océan oriental, dans les mers du Midi et dans la Caspienne, partent également de cette région élevée qui fait aujourd'hui partie de la Sibérie méridionale et de la Tartarie. C'est dans cette terre plus élevée, plus solide que les autres, puisqu'elle leur sert de centre, et qu'elle est éloignée de près de cinq cents lieues de tous les océans ; c'est dans cette contrée privilégiée que s'est formé le premier peuple digne de porter ce nom, digne de tous nos respects, comme créateur des sciences, des arts et de toutes les institutions utiles. Cette vérité nous est également démontrée par les monuments de l'histoire naturelle et par les progrès presque inconcevables de l'ancienne astronomie.....

« Ce premier peuple a été très-heureux, puisqu'il est devenu très-savant ; il a joui, pendant plusieurs siècles, de la paix, du repos, du loisir nécessaire à cette culture de l'esprit, de laquelle dépend le fruit de toutes les autres cultures. Pour se douter de la période de six cents ans, il fallait au moins douze cents ans d'observations; pour l'assurer comme fait certain, il en a fallu plus du double : voilà donc déjà trois mille ans d'études astronomiques ; et nous n'en serons pas étonnés, puisqu'il a fallu ce même temps aux astronomes, en les comptant depuis les Chaldéens jusqu'à nous, pour reconnaître cette période, et ces premiers trois mille ans d'observations astronomiques n'ont-ils pas été nécessairement précédés de quelques siècles où la science n'était pas née? Six mille ans, à compter de ce jour, sont-ils suffisants pour remonter à l'époque la plus noble de l'histoire de l'homme, et même pour le suivre dans les premiers progrès qu'il a faits dans les arts et dans les sciences?

« Mais malheureusement elles ont été perdues, ces hautes et belles sciences ; elles ne nous sont parvenues que par débris trop informes pour nous servir autrement qu'à reconnaître leur existence passée.....

« ..... Il me paraît donc certain que ce premier peuple, qui avait inventé et cultivé si heureusement et si longtemps l'astronomie, n'en a laissé que des débris et quelques résultats qu'on pouvait retenir de mémoire, comme celui de la période de six cents ans, que l'historien Josèphe nous a transmise sans la comprendre [1].

[1] La période de six cents ans dont Josèphe dit que se servaient les

« La perte des sciences, cette première plaie faite à l'humanité par la hache de la barbarie, fut sans doute l'effet d'une malheureuse révolution qui aura détruit peut-être en peu d'années l'ouvrage et les travaux de plusieurs siècles; car nous ne pouvons douter que ce premier peuple, aussi puissant d'abord que savant, ne se soit longtemps maintenu dans sa splendeur, puisqu'il a fait de si grands progrès dans les sciences, et par conséquent dans tous les arts qu'exige leur étude. Mais il y a toute apparence que, quand les terres situées au nord de cette heureuse contrée ont été trop refroidies, les hommes qui les habitaient, encore ignorants, farouches et barbares, auront reflué vers cette même contrée riche, abondante et cultivée par les arts; il est même assez étonnant qu'ils s'en soient emparés, et qu'ils y aient détruit non-seulement les germes, mais même la mémoire de toute science; en sorte que trente siècles d'ignorance ont peut-être suivi les trente siècles de lumières qui les avaient précédés. De

anciens patriarches avant le déluge est une des plus belles et des plus exactes que l'on ait jamais inventée. Il est de fait que, prenant *le mois lunaire de 29 jours 12 heures 44 minutes 3 secondes*, on trouve que 219 mille 146 jours 1/2 *font 7 mille 421 mois lunaires; et ce même nombre de 219 mille 146 jours 1/2 donne 600 années solaires, chacune de 365 jours 5 heures 51 minutes 36 secondes*, d'où résulte le mois lunaire à une seconde près, tel que les astronomes modernes l'ont déterminé, et l'année solaire plus juste qu'Hipparque et Ptolémée ne l'ont donnée plus de deux mille ans après le déluge. Josèphe a cité, comme ses garants, Manéthon, Bérose, et plusieurs autres anciens auteurs dont les écrits sont perdus depuis longtemps... Quel que soit le fondement sur lequel Josèphe a parlé de cette période, il faut qu'il y ait eu réellement et de temps immémorial une telle période ou grande année, qu'on avait oubliée depuis plusieurs siècles, puisque les astronomes qui sont venus après cet historien s'en seraient servis préférablement à d'autres hypothèses moins exactes pour la détermination de l'année solaire et du mois lunaire, s'ils l'avaient connue, ou s'en seraient fait honneur, s'ils l'avaient imaginée. (BUFFON.)

tous ces beaux et premiers fruits de l'esprit humain il n'est resté que le marc ; la métaphysique religieuse, ne pouvant être comprise, n'avait pas besoin d'étude, et ne devait ni s'altérer ni se perdre que faute de mémoire, laquelle ne manque jamais quand elle est frappée du merveilleux. Aussi cette métaphysique s'est-elle répandue de ce premier centre des sciences à toutes les parties du monde ; les idoles de Calicut se sont trouvées les mêmes que celles de Séléginskoï. Les pélerinages vers le grand Lama, établis à plus de deux mille lieues de distance ; l'idée de la métempsycose portée encore plus loin, adoptée comme article de foi par les Indiens, les Éthiopiens, les Atlantes ; ces mêmes idées défigurées, reçues par les Chinois, les Perses, les Grecs, et parvenues jusqu'à nous ; tout semble nous démontrer que la première souche et la tige commune des connaissances humaines appartient à cette terre de la haute Asie [1], et que les rameaux stériles ou dégénérés des nobles branches de cette ancienne souche se sont étendus dans toutes les parties de la terre chez les peuples civilisés.

« Et que pouvons-nous dire de ces siècles de barbarie qui se sont écoulés en pure perte pour nous? ils sont ensevelis pour jamais dans une nuit profonde ; l'homme d'alors, replongé dans les ténèbres de l'ignorance, a pour ainsi dire cessé d'être homme : car la grossièreté, suivie de l'oubli des devoirs, commence par relâcher les liens de la société, la barbarie achève de les rompre; les lois mé-

[1] « Les cultures, les arts, les bourgs épars dans cette région, dit le savant naturaliste Pallas, sont les restes encore vivants d'un empire ou d'une société florissante, dont l'histoire même est ensevelie avec ses cités, ses temples, ses armes et ses monuments, dont on déterre à chaque pas d'énormes débris : ces peuplades sont les membres d'une énorme nation à laquelle il manque une tête. »

prisées ou proscrites, les mœurs dégénérées en habitudes farouches ; l'amour de l'humanité, quoique gravé en caractères sacrés, effacé dans les cœurs ; l'homme enfin sans éducation, sans morale, réduit à mener une vie solitaire et sauvage, n'offre, au lieu de sa haute nature, que celle d'un être dégradé au-dessous de l'animal.

« Néanmoins, après la perte des sciences, les arts utiles auxquels elles avaient donné naissance se sont conservés : la culture de la terre devenue plus nécessaire à mesure que les hommes se trouvaient plus nombreux, plus serrés ; toutes les pratiques qu'exige cette même culture, tous les arts que supposent la construction des édifices, la fabrication des idoles et des armes, la texture des étoffes, etc., ont survécu à la science ; ils se sont répandus de proche en proche, perfectionnés de loin en loin ; ils ont suivi le cours des grandes populations : l'ancien empire de la Chine s'est élevé le premier, et presque en même temps celui des Atlantes en Afrique ; ceux du continent de l'Asie, celui d'Égypte, d'Éthiopie, se sont successivement établis, et enfin celui de Rome, auquel notre Europe doit son existence civile. Ce n'est donc que depuis environ trente siècles que la puissance de l'homme s'est réunie à celle de la nature et s'est étendue sur la plus grande partie de la terre : les trésors de sa fécondité jusqu'alors étaient enfouis, l'homme les a mis au grand jour ; ses autres richesses, encore plus profondément enterrées, n'ont pu se dérober à ses recherches, et sont devenues le prix de ses travaux. Partout, lorsqu'il s'est conduit avec sagesse, il a suivi les lois de la nature, profité de ses exemples, employé ses moyens, et choisi dans son immensité tous les objets qui pouvaient lui servir ou lui plaire. Par son intelligence, les animaux ont été apprivoisés, subjugués, domptés, réduits à lui obéir à jamais ; par ses travaux, les marais ont été desséchés, les fleuves contenus, leurs cataractes effacées, les forêts éclaircies, les landes cultivées; par sa réflexion, les temps ont été comptés, les espaces mesurés, les mouvements célestes reconnus, combinés, représentés; le ciel et la terre comparés, l'univers agrandi, et le Créateur dignement adoré ; par son art émané de la science, les mers ont été traversées, les montagnes franchies, les peuples rapprochés, un nouveau monde découvert, mille autres terres isolées sont devenues son domaine; enfin la face entière de la terre porte aujourd'hui l'empreinte de la puissance de l'homme, laquelle, quoique subordonnée à celle de la nature, souvent a fait plus qu'elle, ou du moins l'a si merveilleusement secondée, que c'est à l'aide de nos mains qu'elle s'est développée dans toute son étendue, et qu'elle est arrivée par degrés au point de perfection et de magnificence où nous la voyons aujourd'hui.

« Comparez en effet la nature brute à la nature cultivée; comparez les petites nations sauvages de l'Amérique avec nos grands peuples civilisés; comparez même celles de l'Afrique, qui ne le sont qu'à demi; voyez en même temps l'état des terres que ces nations habitent, vous jugerez aisément du peu de valeur de ces hommes par le peu d'impression que leurs mains ont faite sur leur sol. Soit stupidité, soit paresse, ces hommes à demi bruts, ces nations non policées, grandes ou petites, ne font que peser sur le globe sans soulager la terre, l'affamer sans la féconder, détruire sans édifier, tout user sans rien renouveler. Néanmoins la condition la plus méprisable de l'espèce humaine n'est pas celle du sauvage, mais celle de ces nations au quart policées qui de tout temps ont été les vrais fléaux de la nature humaine, et que les peuples civilisés ont encore peine à contenir aujourd'hui : ils ont, comme nous l'avons dit, ravagé la première terre heureuse, ils en ont arraché les germes du bonheur et détruit les fruits de la science. Et de combien d'autres invasions cette première irruption des barbares n'a-t-elle pas été suivie ! C'est de ces mêmes contrées du nord, où se trouvaient autrefois tous les biens de l'espèce humaine, qu'ensuite sont venus tous ses maux. Combien n'a-t-on pas vu de ces débordements d'animaux à face humaine, toujours venant du nord, ravager les terres du midi ! Jetez les yeux sur les annales de tous les peuples, vous y compterez vingt siècles de désolation pour quelques années de paix et de repos.....

« C'est de la différence de température que dépend la plus ou moins grande énergie de la nature; l'accroissement, le développement, et la production même de tous les êtres organisés, ne sont que des effets particuliers de cette cause générale : ainsi l'homme en la modifiant peut en même temps détruire ce qui lui nuit, et faire éclore tout ce qui lui convient. Heureuses les contrées où tous les éléments de la température se trouvent balancés, et assez avantageusement combinés pour n'opérer que de bons effets ? Mais en est-il aucune qui, dès son origine, ait eu ce privilége ? aucune où la puissance de l'homme n'ait pas secondé celle de la nature, soit en attirant ou detournant les eaux, soit en détruisant les herbes inutiles et les végétaux nuisibles ou superflus, soit en se conciliant les animaux utiles et les multipliant ? Sur trois cents espèces d'animaux quadrupèdes et quinze cents espèces d'oiseaux qui peuplent la surface de la terre, l'homme en a choisi dix-neuf ou vingt [1]; et ces vingt espèces figurent

[1] L'éléphant, le chameau, le cheval, l'âne, le bœuf, la brebis, la chèvre, le cochon, le chien, le chat, le lama, la vigogne, le buffle, les poules, les oies, les dindons, les canards, les paons, les faisans, les pigeons.

seules plus grandement dans la nature, et font plus de bien sur la terre, que toutes les autres espèces réunies. Elles figurent plus grandement, parce qu'elles sont dirigées par l'homme, et qu'il les a prodigieusement multipliées : elles opèrent de concert avec lui tout le bien qu'on peut attendre d'une sage administration de forces et de puissance pour la culture de la terre, pour le transport et le commerce de ses productions, pour l'augmentation des subsistances ; en un mot, pour tous les besoins, et même pour les plaisirs d'un seul maître qui puisse payer leurs services par ses soins.

« Et dans ce petit nombre d'espèces d'animaux dont l'homme a fait choix, celles de la poule et du cochon, qui sont les plus fécondes, sont aussi les plus généralement répandues, comme si l'aptitude à la plus grande multiplication était accompagnée de cette vigueur de tempérament qui brave tous les inconvénients. On a trouvé la poule et le cochon dans les parties les moins fréquentées de la terre, à Otahiti, et dans les autres îles de tout temps inconnues et les plus éloignées des continents : il semble que ces espèces aient suivi celle de l'homme dans toutes ses migrations. Dans le continent isolé de l'Amérique méridionale, où nul de nos animaux n'a pu pénétrer, on a trouvé le pécari et la poule sauvage, qui, quoique plus petits et un peu différents du cochon et de la poule de notre continent, doivent néanmoins être regardés comme espèces très-voisines, qu'on pourrait de même réduire en domesticité : mais l'homme sauvage, n'ayant point d'idée de la société, n'a pas même cherché celle des animaux. Dans toutes les terres de l'Amérique méridionale, les sauvages n'ont point d'animaux domestiques ; ils détruisent indifféremment les bonnes espèces comme les mauvaises ; ils ne font choix d'aucune pour les élever et les multiplier, tandis qu'une seule espèce féconde, comme celle du *hocco* [1], qu'ils ont sous la main, leur fournirait sans peine, et seulement avec un peu de soin, plus de subsistances qu'ils ne peuvent s'en procurer par leurs chasses pénibles.

« Aussi le premier trait de l'homme qui commence à se civiliser est l'empire qu'il sait prendre sur les animaux; et ce premier trait de son intelligence devient ensuite le plus grand caractère de sa puissance sur la nature : car ce n'est qu'après se les être soumis qu'il a, par leur secours, changé la face de la terre, converti les déserts en guérets et les bruyères en épis. En multipliant les espèces utiles d'animaux, l'homme augmente sur la terre la quantité de mouvement et de vie; il ennoblit en même temps la suite entière des êtres, et s'ennoblit lui-même, en transformant le végétal en animal, et tous deux en sa propre substance, qui se répand ensuite par une nombreuse multiplication : partout il produit l'abondance, toujours suivie de la grande population; des millions d'hommes existent dans le même espace qu'occupaient autrefois deux ou trois cents sauvages, des milliers d'animaux où il y avait à peine quelques individus; par lui et pour lui les germes précieux sont les seuls développés, les productions de la classe la plus noble les seules cultivées; sur l'arbre immense de la fécondité les branches à fruit seules subsistantes et toutes perfectionnées.

« Le grain dont l'homme fait son pain n'est point un don de la nature, mais le grand, l'utile fruit de ses recherches et de son intelligence dans le premier des arts; nulle part sur la terre on n'a trouvé du blé sauvage, et c'est évidemment une herbe perfectionnée par ses soins :

[1] « Gros oiseau très-fécond et dont la chair est aussi bonne que celle du faisan. »

il a donc fallu reconnaître et choisir entre mille et mille autres cette herbe précieuse ; il a fallu la semer, la recueillir nombre de fois pour s'apercevoir de sa multiplication, toujours proportionnée à la culture et à l'engrais des terres. Et cette propriété, pour ainsi dire unique, qu'a le froment de résister, dans son premier âge, au froid de nos hivers, quoique soumis, comme toutes les plantes annuelles, à périr après avoir donné sa graine ; et la qualité merveilleuse de cette graine, qui convient à tous les hommes, à tous les animaux, à presque tous les climats, qui d'ailleurs se conserve longtemps sans altération, sans perdre la puissance de se reproduire ; tout nous démontre que c'est la plus heureuse découverte que l'homme ait jamais faite, et que, quelque ancienne qu'on veuille la supposer, elle a néanmoins été précédée de l'art de l'agriculture, fondé sur la science et perfectionné par l'observation.

« Si l'on veut des exemples plus modernes et même récents de la puissance de l'homme sur la nature des végétaux, il n'y a qu'à comparer nos légumes, nos fleurs et nos fruits, avec les mêmes espèces telles qu'elles étaient il y a cent cinquante ans : cette comparaison peut se faire immédiatement et très-précisément en parcourant des yeux la grande collection de dessins coloriés, commencée dès le temps de Gaston d'Orléans, et qui se continue encore aujourd'hui au jardin du Roi : on y verra peut-être avec surprise que les plus belles fleurs de ce temps, renoncules, œillets, tulipes, oreilles-d'ours, etc., seraient rejetées aujourd'hui, je ne dis pas par nos fleuristes, mais par les jardiniers de village. Ces fleurs, quoique déjà cultivées alors, n'étaient pas encore bien loin de leur état de nature : un simple rang de pétales, de longs pistils, et des couleurs dures ou fausses, sans velouté, sans variété, sans nuances, tous caractères agrestes de la nature sauvage. Dans les plantes potagères, une seule espèce de chicorée et deux sortes de laitues, toutes deux assez mauvaises; tandis qu'aujourd'hui nous pouvons compter plus de cinquante laitues et chicorées, toutes très-bonnes au goût. Nous pouvons de même donner la date très-moderne de nos meilleurs fruits à pépin et à noyau, tous différents de ceux des anciens, auxquels ils ne ressemblent que de nom. D'ordinaire les choses restent, et les noms changent avec le temps; ici c'est le contraire, les noms sont demeurés et les choses ont changé : nos pêches, nos abricots, nos poires, sont des productions nouvelles auxquelles on a conservé les vieux noms des productions antérieures. Pour n'en pas douter, il ne faut que comparer nos fleurs et nos fruits avec les descriptions ou plutôt les notices que les auteurs grecs et latins nous en ont laissées; toutes leurs fleurs étaient simples, et tous leurs arbres fruitiers n'étaient que des sauvageons assez mal choisis dans chaque genre, dont les petits fruits, âpres ou secs, n'avaient ni la saveur ni la beauté des nôtres..... [1].

[1] Voici, à ce sujet, de quelle manière M. Berthelon décrit les pacifiques conquêtes de l'homme sur la nature sauvage, dans un opuscule rempli d'intérêt, intitulé : *Considérations sur l'alimentation et la domestication des plantes*, dont l'auteur a fait hommage à l'Académie, en 1844 :

« La domestication des plantes, dit M. Berthelon, est l'état de sociabilité et de dépendance auquel l'homme les soumet, en les plaçant dans des conditions d'existence en rapport avec celles dans lesquelles il vit lui-même. La culture nous assure à la fois la conquête du règne végétal par plusieurs moyens de reproduction. A ce travail sont dues les plus heureuses acquisitions. Les soins persévérants du cultivateur ont ensuite produit d'étonnantes métamorphoses Le cerisier et le pêcher, qui croissaient abandonnés dans les vallées montagneuses de la Georgie et de la Perse, vinrent orner le triomphe de Lucullus; et la naturali-

Dans les animaux, la plupart des qualités qui paraissent individuelles ne laissent pas de se transmettre et de se propager par la même voie que les propriétés spécifiques : il était donc plus facile à l'homme d'influer sur la nature des animaux que sur celle des végétaux. Les races, dans chaque espèce d'animal, ne sont que des variétés constantes, qui se perpétuent par la génération, au lieu que, dans les espèces végétales, il n'y a point de races, point de variétés assez constantes pour être perpétuées

sation de ces précieuses espèces dans les jardins de Rome devint une conquête plus durable que les immenses richesses rapportées d'Asie par le triomphateur ; car les maîtres du monde virent s'obscurcir leur gloire, la ville impériale fut ravagée, les jardins de Lucullus détruits ; mais les deux arbustes, déjà propagés dans plusieurs parties de l'Europe, perpétuèrent le souvenir du bienfait que la civilisation romaine transmit à d'autres générations.

« Le fruit du cerisier d'Orient, dont l'âpreté et l'aigreur décelèrent la nature sauvage, est devenu, grâce à la culture, un fruit recherché pour sa saveur. L'éclatante et fraîche cerise s'est reproduite dans ses variétés sous les formes les plus gracieuses. L'enveloppe dure et coriace de l'amygdale de Perse s'est convertie en la molle et fondante chair de la pêche ; un agréable parfum, le velouté le plus doux, les formes et les couleurs les plus saisissantes ont complété la métamorphose pour faire de la pêche le plus beau et le plus délicieux des fruits. C'est par de semblables transformations que l'âcre prunelle de nos bois a donné naissance à une excellente variété de prunes ; que les poiriers et les pommiers, sauvages d'abord, ont donné ensuite des produits qui rivalisent avec ceux des climats les plus privilégiés.

« La plupart de nos plantes potagères tirent aussi leur origine de chétives espèces, que l'œil exercé du botaniste peut seul reconnaître par ses types originaux. Une plante à odeur forte, *apium graveolens*, comme l'appelle Linnée, est devenue notre excellent céleri ; le chou sauvage est une herbe débile que nous foulions aux pieds ; c'est d'elle pourtant que proviennent les choux-pommes, aux feuilles si largement développées, et nos volumineux choux-fleurs. La pomme de terre, dont les produits ont été une ressource pour tant de populations, tire son origine d'une chétive espèce qui croît sauvage au Chili et à Montevideo. »

par la reproduction. Dans les seules espèces de la poule et du pigeon, l'on a fait naître très-récemment de nouvelles races en grand nombre, qui toutes peuvent se propager d'elles-mêmes : tous les jours, dans les autres espèces, on relève, on ennoblit les races en les croisant ; de temps en temps on acclimate, on civilise quelques espèces étrangères ou sauvages. Tous ces exemples modernes et récents prouvent que l'homme n'a connu que tard l'étendue de sa puissance, et que même il ne la connaît pas encore assez ; elle dépend en entier de l'exercice de son intelligence : ainsi plus il observera, plus il cultivera la nature, plus il aura de moyens pour se la soumettre, et de facilités pour tirer de son sein des richesses nouvelles, sans diminuer les trésors de son inépuisable fécondité..... »

C'est ainsi, monsieur, que tout subit l'influence civilisatrice de l'homme, civilisé lui-même par son rapprochement social et nécessaire avec ses semblables et par une longue succession de siècles d'expériences et d'observations. Tout ce qui existe n'a donc pas toujours été ainsi que nous le voyons aujourd'hui, comme le croit généralement le vulgaire, qui ne se donne pas la peine de réfléchir sur ce qui l'entoure.

Croyez-vous encore maintenant, monsieur, qu'Adam, notre premier père, selon les livres que nous appelons *sacrés* [1], soit sorti des mains du Créateur, comme un élève

[1] Les nations que l'on appelle *infidèles* ont eu aussi leurs livres sacrés : le Zend-Avesta est le livre sacré des Parsis ; le Veidam, celui des Brahmes ; le Coran est le livre saint des Musulmans ; les anciens Scandinaves avaient les Edda ; les Chinois ont les Maximes de Confucius ; les poëmes sanskrits contiennent le récit des traditions hindoues, et sont leurs saintes écritures.

En soutenant que nos livres dits *sacrés* sont les seuls livres dictés par Dieu même, c'est offenser sa divinité, et l'accuser d'ignorance ;

s'échappe de celles de son professeur? Avec de la bonne foi et de l'impartialité, vous reconnaîtrez facilement que la *Genèse* n'est plus au niveau des connaissances des descendants d'Adam, connaissances qu'il ne leur a pas léguées, puisqu'il ne les possédait pas; connaissances nées du besoin, de la nécessité, de la curiosité, de mille circonstances différentes [1]; connaissances qu'il a fallu conquérir, et que l'homme n'a en effet acquises qu'à force de travaux et d'observations de toutes natures, et par des siècles de combinaisons et de croisements d'idées, mélange fécond, qui entretient et nourrit le progrès, ce Briarée de notre époque. Oui, le premier homme avait la science infuse; c'est-à-dire qu'il avait en lui le germe des sciences qui plus tard devait se développer selon les circonstances et les lieux où il se trouverait placé, et suivant le plus ou moins d'aptitude et de culture et le plus ou moins de perfection de l'organisation et du mécanisme animal de chaque individu; car le moral et le physique sont étroitement liés et dépendent intimement l'un de l'autre.

Dans l'ordre matériel comme dans l'ordre intellectuel, tout s'enchaîne, tout se tient, tout se déroule en même temps : une idée en rapport avec une autre idée en fait éclore une troisième, qui, à son tour, donne naissance à

car on y voit qu'après le déluge Dieu fit repeupler la terre par les trois fils de Noé : Sem partit pour l'Asie, Cham pour l'Afrique, et Japhet en Europe. L'Amérique et l'Océanie, l'une découverte depuis quatre siècles et l'autre depuis un siècle seulement, ont été oubliées, et cependant on y a trouvé de nombreuses tribus de nos semblables, enfants aussi, je suppose, de l'Etre suprême, et dont on ne fait aucune mention dans la Genèse, et pour cause.

[1] L'oisiveté a fait les premières observations dans le ciel et sur la terre; la curiosité les a multipliées, la nécessité les a constatées, et les mathématiques, production de la justesse et de la sévérité, y mettent l'ordre.

d'autres idées : c'est un rayon divin, un instinct merveilleux, qui se transforme et s'enflamme, pour ainsi dire, au contact et par l'attraction d'une autre intelligence.

Voilà comment l'homme est devenu le maître de la terre, et presque un créateur ; mais le premier homme était et devait être inévitablement faible et malheureux, en quelque lieu qu'ait été son berceau.

CHAPITRE VIII.

Sur la chaleur du soleil.

Avant d'aborder les détails des calculs *décisifs* de votre merveilleuse *Astrométrie*, vous semblez faire votre profession de foi, en donnant l'exposé des six jours de la création d'après Moïse. C'est cette profession de foi (hors de propos dans un ouvrage qui a la prétention d'être scientifique) que j'ai eu l'intention de réfuter, en même temps que votre nouveau système uranographique, dans lequel vous trouvez l'occasion de dire tant de *belles choses*, surtout relativement à la chaleur du soleil. Mais, une fois entré dans l'absurde, il est bien difficile, pour ne pas dire impossible, d'en sortir. Comment, monsieur, avez-vous osé traiter un sujet aussi abstrait et qui exige tant d'études et d'observations pratiques, vous qui, malgré votre étalage de science, n'en possédez pas les premiers éléments? Car cela est évident et très-bien démontré dans votre étonnant opuscule, et principalement dans les pages 113 et 114, où vous paraissez croire qu'il n'est pas possible de vous dire quelle est la nature de la chaleur et celle de la matière dont le soleil est formé; comment il lance ses rayons dans tous les sens; comment il met la lumière et la chaleur en mouvement. Peut-on prouver plus d'ignorance en physique que vous n'en montrez, vous, monsieur, qui prétendez donner à ce sujet des leçons aux autres, lorsque vous dites, page 114, qu'une lentille mise en face *d'un des rayons* du soleil enflammera sur-le-champ le combustible que nous lui présenterons? Si chaque rayon de cet astre de feu peut embraser séparément tout combustible qu'il frappe, il n'est pas besoin de lentille pour cela, et cependant rien n'est incendié encore, que je sache, même sous la zone torride. Si vous n'avez pas fait l'épreuve de ce que vous avancez, prenez une lentille, présentez-la au soleil, et vous verrez que c'est par la faculté qu'elle a de réunir et de concentrer beaucoup de rayons solaires sur un objet, que la combustion a lieu, et même que la fusion des métaux peut s'opérer; ce *qu'un rayon seul* ne peut produire.

Croyez-vous que l'on ait attendu votre défi, pour étudier les différentes espèces de chaleur et leurs effets divers? Non, monsieur; rien n'a échappé à l'investigation de la science : elle a pénétré dans le laboratoire de la nature ; elle y a saisi une grande partie de ses secrets mystérieux ; elle a reconnu et défini une multitude de phénomènes qui étonneront longtemps encore l'homme qui reste indifférent et froid en présence des merveilles de l'univers, et qui persiste dans son ignorance, quoique tout ce qui l'entoure le sollicite d'en chercher la cause.

Consultez Buffon, tome III de ses œuvres, *Histoire des minéraux,* première partie de l'introduction, ayant pour titre *De la lumière, de la chaleur et du feu,* et vous trouverez une réponse satisfaisante à votre objection : elle sera catégorique comme vous la réclamez; et ensuite il me semble que vous serez fort embarrassé vous-même pour vous acquitter de votre promesse, celle de nous dire comment un si petit corps (votre *microshélios* ou petit soleil) peut répandre autant de chaleur et la proportionner aux degrés de sa distance.

Vous convenez que le soleil est de feu, mais vous lui enlevez son immense volume, en le réduisant à l'état de globule; alors, monsieur, comment expliquerez-vous sa rotation sur lui-même, mouvement qui s'opère en 25 jours 16 heures 48 minutes, ainsi que cela est prouvé par les taches que l'on observe sur son disque, taches qui, se montrant sur un des bords, semblent passer à travers toute sa largeur sur le bord opposé, se dérobent pendant quelques jours, et reparaissent ensuite au premier point d'où elles sont parties[1]? Quelle lenteur pour un globe d'*un mètre de diamètre*, et entièrement de feu, encore! Employer plus de 25 jours pour tourner sur lui-même! Cet argument seul est plus que suffisant pour détruire votre système. Ensuite, comment parviendrez-vous à faire parcourir à votre petit soleil, en 365 jours 5 heures 48′

[1] Ces taches peuvent aisément se découvrir avec une bonne lunette; leur nombre va quelquefois jusqu'à cinquante; et il en est que l'on a vues dix-sept cents fois plus grandes que la terre entière. Soit qu'on les considère comme des écumes formées par l'action d'un feu violent, soit plutôt comme des éminences solides du corps du soleil, que les flots de matière enflammée qui le baignent laissent quelquefois a découvert dans leur agitation, ces taches unies à sa masse ne laissent pas douter, par leur cours régulier, qu'il ne tourne avec elles sur lui-même; et cette rotation, quoique plus lente que celle de la terre, qui n'y emploie qu'un jour, doit être d'une rapidité prodigieuse pour un globe quatorze cent mille fois plus gros que le nôtre.

Dans les derniers jours de février 1846, on a remarqué sur la surface du soleil plusieurs taches qui ont vivement préoccupé les astronomes. Deux taches semblables ont été déjà remarquées en 1845; mais leur nombre s'est considérablement accru, et on n'en compte pas moins de dix-sept aujourd'hui. On a constaté que la longueur de la plus petite de ces taches est d'environ 1,396 milles géographiques, et celle de la plus grande de près de 3,500; sa dimension dépasse ainsi le diamètre de la terre. Serait-ce sur un globe de feu de la dimension du *soleil* de M. l'abbé Malaléne que l'on pourrait observer des taches de 3,500 lieues de diamètre? Ayons pitié de son erreur.

45″ 3‴, l'écliptique, quelque rétrécie qu'elle soit par vous? En tournant si lentement sur lui-même, il est impossible qu'il puisse remplir sa tâche autour de la terre en si peu de temps.

Et cependant vous ne changez rien au cours de la lune. Cet astre, qui n'a qu'une lumière d'emprunt, fait néanmoins, quoique privé des moyens de vélocité que possède le soleil, douze fois le tour de la terre, tandis que lui ne fait qu'un seul voyage pendant le même espace de temps. Comment concilier la lenteur dont vous gratifiez le soleil avec les principes de rapidité qu'il a en lui-même et qu'il communique aux autres planètes? Votre bouleversement astrométrique est un vrai galimatias. Vous vous y égarez vous-même.

Non-seulement vous vous êtes permis, de votre autorité privée, de faire voyager autour de la terre le chaud et lumineux soleil, pour l'éclairer et l'échauffer, mais vous faites aussi tourner autour d'elle toutes les autres planètes et les comètes, à l'exception pourtant de Mercure et de Vénus, que vous métamorphosez en satellites du soleil, et auxquels vous accordez la taille énorme d'une petite orange! Et tout cela, pour prouver que la terre occupe le centre des espaces. Que le soleil fasse ce voyage, cela se concevrait, à la rigueur, parce qu'il y a un but d'utilité dans sa course annuelle. Mais les planètes, monsieur, qui sont des corps opaques, et qui ont besoin, comme notre terre, des rayons bienfaisants de l'astre radieux et sans lesquels nous ne pourrions les apercevoir, comment voulez-vous les contraindre à tourner autour d'une de leurs semblables, qui ne peut leur être d'aucune utilité, et qui ne peut aussi exercer aucune influence sur leur opacité?

Dans votre conclusion, vous priez le lecteur de ne considérer vos recherches sur cette partie de la science que comme un essai sur lequel il est encore possible de porter la plus grande lumière par la discussion qu'elle peut faire engager. Mais, monsieur, depuis plus de onze ans que votre ouvrage a paru, je ne sache pas qu'il ait fait jaillir beaucoup de lumière ; et je n'en suis nullement étonné, car votre système est trop rétrograde et trop stupide, pour qu'il valût la peine d'une réfutation et pour que l'on s'en occupât sérieusement.

Votre paragraphe XVI, où vous donnez dogmatiquement la solution de l'alternative des saisons, est vraiment curieux par sa simplicité : c'est une naïve parodie du système ingénieux de Copernic, que vous n'avez pas craint d'imiter, mais en changeant les rôles que remplissent dans l'univers le soleil et la terre.

Ainsi, selon vous, c'est votre soleil d'*un mètre de diamètre* qui, dans sa course annuelle sur l'écliptique, produit les différentes saisons par sa marche ascendante et descendante. Les mouvements apparents du soleil vous abusent ainsi que le vulgaire, qui ne s'occupe pas de ces hautes questions, et vous semblez triomphant et glorieux de partager cette erreur grossière et commune. Je vous engage à recommencer vos études astronomiques, et je ne doute pas que votre esprit, mieux éclairé, n'abjure et ne réfute lui-même ce qu'il a osé publier contre les observations exactes et précises de tant d'hommes éminents par leur science et leurs talents.

« L'axe de la terre, incliné par rapport au plan dans lequel le centre de la terre exécute son mouvement autour du soleil, mais demeurant toujours parallèle à lui-même, présente alternativement chacune de ses extrémités ou chacun des pôles vers le soleil.

« Sans l'obliquité de l'écliptique, sans cet angle d'inclinaison qui existe entre le plan de rotation et le plan de l'orbite, il n'y aurait ni inégalité entre les jours d'hiver et d'été, ni changement de saisons, en tant que celles-ci dépandent des causes célestes. L'équateur serait encore plus constamment échauffé qu'il ne l'est; mais des deux côtés on verrait la chaleur diminuer dans une progression très-rapide; chaque climat aurait sa température invariable, et ce serait pour chacun celle de son printemps et de son automne actuels, mais très-vraisemblablement un peu plus froide. La terre ne serait donc guère habitable au delà du 45e ou 50e degré. Voilà ce printemps éternel que les poëtes voudraient nous faire regretter. Beaucoup de philosophes et d'astronomes ont cru que l'écliptique et l'équateur tendaient réellement à coïncider ensemble. Les anciens astronomes ont trouvé l'obliquité de l'écliptique de 24 degrés. Ératosthène, 250 ans avant Jésus-Christ, la trouve de 23 degrés 50 minutes; Albatégnius, en 880, de 23 degrés 35 minutes 40 secondes; Tycho-Brahé, en 1587, de 23 degrés 31 minutes 30 secondes : elle oscille aujourd'hui autour de 23 degrés 23 minutes. Sa diminution séculaire semble avoir été jusqu'ici de 57 secondes. Mais Euler et Laplace ont prouvé, par des calculs subtils et profonds, que cette diminution provient de l'attraction mutuelle de toutes les planètes dont les orbites, diversement inclinées, cherchent constamment à se confondre dans un même plan; d'où il ne résulte que des inégalités temporaires contenues entre des limites fixes. Le soleil contribue surtout à ramener constamment toutes ces variations au point d'où elles étaient parties. Sans la force attractive du soleil, les planètes, surtout Jupiter et Vénus, seraient à même de changer l'obliquité de l'écliptique de 10 à 12 degrés. Mais le puissant monarque du système planétaire réprime ces efforts, et empêche que l'obliquité ne puisse jamais varier de plus de 2 à 3 degrés. En général tout le système du monde semble aujourd'hui osciller autour d'un état moyen, d'où il ne s'éloigne que très-insensiblement de côté et d'autre. Les combats violents des grandes forces de la nature ont cessé ; nous vivons dans une époque de calme physique. » MALTE-BRUN, *Géographie universelle*, liv. XLIII.)

CONCLUSION

Évidemment, monsieur, il y a un énorme anachronisme dans la publication de votre système astrométrique ; convenez que vous êtes en arrière de quelques siècles au moins. En vous lisant, on pourrait certainement, et à bon droit, se croire encore à l'enfance de la science astronomique, au moment de ses premiers essais chez nous. Votre bizarre opuscule, quoiqu'il paraisse être né en 1842, d'après son millésime, semble être l'œuvre d'un savant du moyen âge, c'est-à-dire d'un homme dépourvu du secours des idées subséquentes que des observations patientes et laborieuses ont fait surgir, en découvrant les lois invariables de l'affinité, de l'attraction, de l'optique, etc., etc., lois établies d'une manière si exacte et si précise, qu'il n'est pas possible d'en douter, puisque l'on peut s'assurer soi-même de la vérité de ces lois irréfragables, douées d'une constance qui en fait prévoir avec certitude les résultats successifs ; lois par lesquelles tout se développe, se reproduit, se perpétue, sans que nulle perturbation ne ramène de chance qui ait la moindre analogie avec ce que l'on nomme le hasard ; car le hasard ne peut produire ces lois de l'organisation qui font la perpétuité des êtres, ces lois des affinités chimiques si invariables dans la prodigieuse variété des corps, ces lois d'attraction et de gravitation qui constituent l'harmonie des globes.

Comment, à une époque comme la nôtre et au centre des lumières, un homme qui, par état, doit avoir acquis des connaissances étendues et diverses, ose-t-il soutenir que le soleil, ce corps immense autour duquel gravitent vingt planètes et leurs satellites et au moins cinq cents comètes, comment cet homme ose-t-il soutenir, dis-je, que le soleil voyage chaque année autour de la terre? Comment, en 1842, a-t-il pu se rencontrer un homme assez hardi pour publier un ouvrage dans lequel il a la bonhomie de croire prouver que cet astre de feu n'a qu'*un mètre* de diamètre? Comment, avec un si petit foyer, parviendra-t-il à éclairer la moitié de la surface de la terre, le plus grand de tous les globes, selon lui? M. l'abbé P. Mataléne doit savoir cependant que la lumière est un corps dont les molécules sont presque infiniment petites, et dont les effets s'opèrent en lignes droites avec une vitesse presque infinie aussi, et non par ondulations, comme celles que l'agitation excite dans l'air et dans l'eau; car autrement nous verrions le soleil lorsqu'il serait caché derrière une montagne, et même lorsqu'il serait de l'autre côté de la terre, c'est-à-dire pendant la nuit, puisque, sa lumière étant répandue par ondes, comme le son, l'impression en viendrait toujours à nos yeux; la lune, par la même raison, ne pourrait jamais l'éclipser.

L'air est obscur par lui-même, mais il a beaucoup d'analogie avec la lumière : il en est comme le fourreau ou la gaîne, et ils ne se mêlent pourtant pas ensemble, comme un fluide aqueux avec un autre fluide de même nature; ils sont unis, mais ne sont pas confondus; si cela était, la matière solaire, répandue dans l'atmosphère, l'éclairerait constamment : il n'y aurait plus de ténèbres, et le petit soleil de M. P. Mataléne aurait assez de capacité pour s'acquitter des fonctions dont il l'a chargé. Mais il n'en est pas ainsi, et je ne pense pas que M. l'abbé Mataléne persiste à croire sérieusement que le réceptacle de toute lumière pour notre univers soit aussi peu étendu qu'il a prétendu le prouver.

Placez votre petit soleil à la hauteur convenable, afin qu'il ne disparaisse pas à nos yeux, et vous verrez, monsieur, les merveilleux effets de votre création luminifère et calorifère; vous reconnaîtrez alors l'insuffisance d'un soleil aussi mesquin pour éclairer une surface aussi grande que l'est la moitié de notre globe.

L'air est diaphane et nous paraît incolore, quoiqu'il ait une couleur bleue très-prononcée, puisqu'il est certain que l'azur céleste n'est autre chose que la couleur de ce fluide élastique; mais il faut une grande épaisseur d'air pour que notre œil s'aperçoive de cette couleur, dont tous les objets sombres se teignent plus ou moins lorsqu'on les regarde de loin.

Ce que nous appelons *la voûte céleste*, *le firmament*, c'est l'incommensurable étendue des régions de l'air universel, dont la nuance bleue, trop claire pour qu'on puisse l'apercevoir immédiatement, ne devient sensible que lorsqu'on la considère sur sa masse immense. Ce bel azur, qui fait l'ornement du ciel lorsque le temps est serein, n'acquiert sa pureté et sa douceur que par une succession de couches très-claires de cet air, dont les teintes s'ajoutent et se fondent les unes avec les autres.

La masse entière de l'air universel serait ténébreuse, privée de la lumière de notre soleil, pour notre système planétaire, et de la lumière des autres soleils, que nous appelons *étoiles fixes*, pour d'autres mondes innombrables qui circulent dans les profondeurs bleuâtres de cet air universel, et que nous ne pouvons apercevoir, vu leur trop grand éloignement.

Tout a des limites : le bruit meurt et cesse de se faire entendre à une certaine distance dans l'atmosphère, plus ou moins éloignée, selon la densité plus ou moins grande de l'air, sans lequel aucun son ne se propagerait ; la lumière cesse d'éclairer et se perd aussi dans la masse de l'air universel. Le soleil, qui éclaire notre système planétaire, finit par perdre tout son éclat aux confins de son empire, qui est immense ; au delà, les ténèbres seules règnent ; puis commence un autre système planétaire illuminé par un autre soleil, qui ne nous paraît que sous la forme d'une étoile, et que nous pouvons fixer impunément grâce à son énorme éloignement. Puis encore de vastes plaines aériennes privées de lumière, et puis un autre monde, et ainsi de suite des milliers d'étoiles, qui sont autant de soleils ayant une lumière qui leur est particulière, et qu'ils dispensent à d'autres planètes, dont nous ne pouvons supposer l'existence què par l'analogie et la comparaison avec notre univers solaire. Le soleil le plus voisin de notre système planétaire est Sirius, la plus brillante des étoiles fixes, et cependant sa distance est de plus de quatre cent mille fois plus grande que celle de notre soleil à nous [1].

[1] Les détails suivants, puisés dans le rapport de M. Arago sur le crédit accordé à l'Observatoire, sont de nature à vivement intéresser ceux qui s'occupent des progrès de la science, et ils trouvent naturellement leur place ici :

« La plus grande lunette achromatique connue n'a que 38 centimètres d'ouverture ; or voici que MM. Guinaud et Bontemps ont présenté à l'Académie des sciences des masses de crown et de flint-glass de 57 centimètres de diamètre, et ils s'engagent à en fournir d'un mètre. Les découvertes que ces grands instruments font présager seront assez éclatantes, nous n'en doutons pas, pour justifier le crédit de 94,000 francs que vient d'allouer la Chambre. Faisons-les pressentir en quelques mots. Jusqu'à ces derniers temps, on n'avait pas réussi à déterminer la distance réelle d'une seule étoile. On connaissait seulement une limite en deçà de laquelle aucun de ces astres ne pouvait être

Ainsi, monsieur, comment voulez-vous qu'un soleil de *trois pieds* de diamètre puisse suffire à éclairer même l'at-

situé. Maintenant, grâce à des observations qui deviendront faciles à l'aide des grandes lunettes dont le Bureau des longitudes sera pourvu, la vraie distance d'une étoile est connue. La petite étoile dite la 61e du cygne est tellement éloignée de la terre, que sa lumière emploie dix ans à nous parvenir; cette étoile, anéantie tout à coup, se verrait donc dix ans après la catastrophe.

« Qu'on se rappelle que la lumière parcourt 77,000 lieues par seconde, que le nombre de secondes contenu dans un jour est de 86,400; que l'année renferme 365 jours 25/100; que le produit de ces trois nombres doit être multiplié par 10 pour évaluer en lieues de 4 kilomètres l'intervalle qui nous sépare en ligne droite de la 61e du cygne, et il paraîtra naturel que les astronomes se glorifient d'un pareil résultat, et qu'ils désirent appliquer leurs magnifiques opérations d'arpentage à d'autres étoiles.

« Lorsque, par une série de déductions invincibles, on arriva à trouver que la masse du soleil était égale à 355,000 fois celle de la terre; en d'autres termes, lorsqu'on reconnut que l'astre radieux, placé dans le bassin d'une immense balance, exigerait, pour être équilibré, qu'on accumulât dans le bassin opposé 355.000 globes semblables à celui que nous habitons, le monde resta interdit d'étonnement. Nous pouvons affirmer qu'on fera davantage aujourd'hui; il s'agit d'évaluer aussi les masses de soleils, mais de soleils appartenant à d'autres systèmes, de soleils placés à des distances qui confondent l'imagination, de soleils qui n'offrent dans les lunettes aucun diamètre appréciable et que la simple épaisseur d'un fil d'araignée dérobe à la vue de l'observateur. Ici les forces de la science se présenteront dans toute leur majesté.

« L'astronome trouvera encore un champ de recherches presque intact dans les nébulosités si vastes et à formes si variées dont le ciel est parsemé. Il étudiera les progrès de la concentration de la matière phosphorescente; il marquera l'époque de l'arrondissement du contour extérieur, l'époque de l'apparition du rayon lumineux central, l'époque où le noyau devenu éclatant restera seulement entouré d'une légère nébulosité; enfin, l'époque où cette nébulosité, à son tour, se sera condensée; alors l'observateur aura suivi la naissance d'une étoile dans toutes ses phases. D'autres régions du ciel montreront suivant quelles lois ces mêmes astres s'affaiblissent et disparaissent entièrement...

« 1,093 montagnes de la lune ont été exactement mesurées. Dans ce

mosphère terrestre? Vous lui auriez donné le diamètre d'une province entière, que cette dimension se serait en-

nombre, 22 surpassent le mont Blanc, dont la hauteur, comme on sait, est de 4,800 mètres. Le sommet de Newton va à 7,260 mètres, celui de Casatus à 6,960. La constitution cratériforme de la plupart des régions de la lune n'a pas été étudiée avec moins de soin. La profondeur de chaque cratère et la hauteur du piton central sont aujourd'hui connus avec précision. Les astronomes ont obtenu ces résultats avec des grossissements de deux cents fois au plus. Doit-on alors craindre de se tromper en fondant de grandes espérances sur une lunette dont la lumière permettra d'employer un grossissement de six mille fois, sur une lunette qui fera voir les montagnes de notre satellite comme le mont Blanc est vu de Genève?

« Nous connaîtrons mieux la lune que la terre, dont certaines parties sont inaccessibles à nos pas et à nos yeux. On pourra rechercher la nature de ce mystérieux anneau de Saturne, ce pont continu sans piles de douze mille lieues de longueur ; on observera les perturbations qui se passent dans la planète de Jupiter, où l'on a déjà observé les nuages emportés avec une vitesse de quatre-vingt-seize lieues à l'heure.

« Si l'on sort de notre système, le champ des observations est immense ; jusqu'à présent on connaissait seulement la limite minimum de la distance des étoiles; avec les nouvelles lunettes on arpentera tout le ciel; on examinera ces étoiles doubles qui forment des systèmes composés de soleils tournant autour de leur centre commun de gravité; on ira plus loin : on pourra calculer les masses de ces soleils à peine visibles, qu'un fil d'araignée dérobe à notre vue, qui sont placés à des distances qui confondent l'imagination; enfin il deviendra possible de déterminer selon quelles lois certaines étoiles s'affaiblissent et disparaissent entièrement. »

On écrivait de Saint-Pétersbourg, le 22 août 1846 :

« M. l'astronome Madler, attaché à l'université de Dorpat, vient de publier une brochure sous le titre de : le *Soleil central*. Dans cet écrit il consigne les résultats des recherches qu'il a faites sans relâche pendant six ans, résultats qu'il a combinés avec les observations tant anciennes que récentes sur les mouvements des étoiles fixes. M. Madler voit dans l'Alcione, la plus brillante des Pléiades, le soleil central de tous les astres connus. Sa distance de notre terre est, suivant cet astronome, 34 millions de fois plus grande que celle de notre terre au soleil, distance qu'un rayon lumineux ne pourrait parcourir pour arriver jus-

core égarée dans l'espace, et que ses rayons n'auraient pu nous parvenir, quand même vous l'auriez placé entre nous et la lune; ce que vous n'auriez osé faire, puisqu'il est reconnu par vous que la lune éclipse le soleil, ce qui suppose son interposition directe entre lui et notre globe.

La lune éclipse le soleil; la terre éclipse la lune. La terre, selon vous, est le plus volumineux de tous les globes composant l'univers : elle a trois mille lieues de diamètre et neuf mille lieues de circonférence ; et pourtant le disque de la lune, tout en nous faisant voir la forme ronde de la terre (puisque dans toutes les positions possibles l'ombre de la terre sur le disque de la lune se trouve terminée par un arc de cercle), nous prouve aussi combien son énorme volume diminue par l'éloignement; car les différentes phases de la lune, c'est-à-dire son premier et son dernier quartiers, appelés vulgairement le *croissant* et le *déclin*, nous le montrent avec évidence, ces diverses phases n'étant dues qu'à l'ombre produite sur la surface lunaire par la terre, qui est alors placée entre le soleil et la lune, laquelle, étant satellite de notre globe, gravite autour de lui [1].

qu'à nous qu'en cinq cent trente-sept ans. Notre soleil achève en 182 millions d'années sa révolution autour de ce corps central, qui est 117 millions de fois plus grand que lui. M. Madler publiera sous peu un ouvrage spécial sur le mouvement des étoiles fixes. »

[1] Et à propos d'éclipse, comment fera M. Mataléne pour expliquer l'éclipse de lune qui eut lieu le 31 mai 1844, à l'heure indiquée d'une manière si précise et si étonnante par la science astronomique? Il se contente de dire, au sujet des éclipses (§ XXIV de son *Anti-Copernic*), que l'on calculera le temps et la durée des éclipses d'après les bases mises en usage jusqu'à ce jour. Et pourtant quel argument puissant contre son système de non-translation de la terre. Il faut être ou de mauvaise foi ou bien ignorant pour ne pas s'apercevoir que c'est par la mutation de la terre dans l'écliptique et de la lune autour de notre planète que les éclipses ont lieu. S'il eût été curieux, il eût pu voir, comme je

Vous pouvez juger, monsieur, par ce que je viens de dire, s'il serait possible d'apercevoir votre soleil d'*un mètre de diamètre* en le plaçant à la distanee strictement nécessaire pour ne pas gêner le mouvement de libration de la lune. Comme le soleil est entièrement composé de feu, nous l'apercevrions encore, il est vrai, mais il ne pourrait nous éclairer ; car ses rayons seraient détruits et auraient perdu toute leur lumière avant d'arriver jusqu'à nous : le soleil ne serait plus à nos yeux qu'un point scintillant comme les étoiles, mais sans puissance pour échauffer et illuminer notre atmosphère.

Ainsi, monsieur, si vous avez lu avec attention tout ce qui précède (ce qui vous a peut-être paru une digression un peu trop longue, quoique néanmoins nous ne soyons pas sortis de la question agitée dans votre *Anti-Copernic*), si vous avez lu avec attention, dis-je, ce que votre nouveau système cosmogonique m'a fourni l'occasion d'écrire, vous avez dû vous convaincre que ce qui cause votre erreur relativement à la grosseur et à la distance des astres, c'est que vous rapportez tout à l'homme, tout à la terre, son séjour sublunaire. En cela, il y a beaucoup de similitude entre vous et le vulgaire ignorant, qui croit, qui s'imagine aussi, lui, que le créateur de tout ce qui existe n'a eu que l'homme en vue lorsqu'il organisa les mondes innombrables ; selon ce vulgaire, la terre et toute la nature ne sont créées que pour plaire à l'homme et pour le servir ; ce même vulgaire a aussi la témérité de critiquer les ouvrages de Dieu, et d'en trouver beaucoup d'inutiles et de nui-

l'ai vu moi-même, la progression de l'ombre conique projetée par notre globe sur le disque argentin de la lune ; il eût vu aussi, à l'heure annoncée, la pleine lune entièrement débarrassée de cette ombre : ce qui prouve que la terre, tout en tournant sur elle-même, s'avance en même temps dans l'espace, accompagnée de la lune, sa satellite fidèle.

sibles, toujours mu par le même sentiment, toujours parce qu'il ne voit que lui dans l'univers qui soit digne d'occuper l'Éternel. Erreur ridicule, orgueil sot et vain[1] !

Et voilà pourquoi, par suite de ces idées, le vulgaire croit et veut que la terre soit le plus volumineux des globes, et qu'elle soit placée au centre des cieux[2].

[1] L'homme est généralement enclin à juger de l'utilité des choses par les avantages présents qu'il peut en retirer; et il se hâte de décider que la nature s'est trompée lorsqu'elle a créé des espèces qui lui sont nuisibles, et auxquels il est forcé de faire la guerre. Pourtant l'homme devrait toujours se souvenir que l'Intelligence suprême n'a rien fait au hasard, et que, s'il n'aperçoit pas d'abord les motifs qui ont présidé à la création de tout ce qui existe, il doit mettre beaucoup de circonspection dans les jugements trop prompts qu'il porte. Rien n'est inutile dans le monde, puisque tout est sorti des mains de Dieu. Ainsi, loin de blâmer les œuvres du Créateur, l'homme devrait reconnaître, dans l'ignorance de ses desseins, la preuve de la faiblesse de son esprit et de l'insuffisance de sa raison.

[2] « L'homme nouveau n'a pu voir, et l'homme ignorant ne voit encore aujourd'hui la nature et l'étendue de l'univers que par le simple rapport de ses yeux : la terre est pour lui un solide d'un volume sans bornes, d'une étendue sans limites, dont il ne peut qu'avec peine parcourir de petits espaces superficiels, tandis que le soleil, les planètes, et l'immensité des cieux, ne lui présentent que des points lumineux, dont le soleil et la lune lui paraissent être les seuls objets dignes de fixer ses regards. A cette fausse idée sur l'étendue de la nature et sur les proportions de l'univers s'est bientôt joint le sentiment encore plus disproportionné de la prétention. L'homme, en se comparant aux autres êtres terrestres, s'est trouvé le premier. Dès lors il a cru que tous étaient faits pour lui; que la terre même n'avait été créée que pour lui servir de domicile, et le ciel de spectacle; qu'enfin l'univers entier devait se rapporter à ses besoins et même à ses plaisirs. Mais à mesure qu'il a fait usage de cette lumière divine qui seule ennoblit son être, à mesure que l'homme s'est instruit, il a été forcé de rabattre de plus en plus de ses prétentions ; il s'est vu rapetisser en même raison que l'univers s'agrandissait, et il lui est aujourd'hui bien évidemment démontré que cette terre, qui fait tout son domaine et sur laquelle il ne peut malheureusement subsister sans querelle et sans trouble, est à proportion

Plus je lis vos paragraphes II et III, plus je suis surpris, monsieur, que vous ayez osé faire imprimer de pareilles absurdités : la discussion n'en est vraiment pas supportable. Je crois, avec raison ce me semble, que votre *Astrométrie nouvelle* est une mystification ; car je ne puis m'imaginer que vous ayez la conviction de ce que vous y avancez avec tant d'aplomb en apparence ; ou alors, si cela est, je serai tenté d'avouer qu'il y a chez vous un grand excès de présomption, dont le résultat naturel et inévitable est de se persuader que l'on a raison, quand même il serait de la dernière évidence que l'on aurait les plus grands torts.

Désabusez-vous, monsieur ; ne vous faites pas illusion sur vous-même ; reconnaissez que le globe terrestre n'est point fait par rapport à l'homme, mais que l'homme luimême n'est qu'un des habitants qui sont dispersés dans le sein de la nature ; et que, malgré les préventions ordinaires que l'on a de s'imaginer que le monde est formé en entier par rapport à la terre, les principes que l'on considère avec raison comme les causes de la végétation et des apparences dont elle est ornée, ne lui sont point propres, et qu'ils ont leur foyer véritable dans le soleil, d'où ils s'échappent comme d'une source pour exercer avec mesure leur influence sur tous les corps de notre terre et des autres planètes soumises à son attraction et à son impulsion.

tout aussi petite pour l'univers que lui-même l'est pour le Créateur. En effet, il n'est plus possible de douter que cette même terre, si grande et si vaste pour nous, ne soit une assez médiocre planète, une petite masse de matière qui circule avec les autres autour du soleil ; que cet astre de lumière et de feu ne soit plus de douze cent mille fois plus gros que le globe de la terre, et que sa puissance ne s'étende à tous les corps, qu'il fléchit autour de lui... » BUFFON.

Vous vous appuyez sur le système de Ptolémée quant à la place qu'il lui assigne au centre du monde ; mais, lui, il la tenait immobile dans ce centre, et s'en rapportait à ses yeux, comme le peuple ignorant, en faisant voyager continuellement autour d'elle le soleil, foyer de la chaleur et de la lumière pour notre monde[1]. Vous, monsieur, vous n'êtes pas de l'avis de Ptolémée pour ce voyage quotidien ; c'est un progrès dont il faut vous savoir gré : car dix-sept siècles seulement vous séparent de ce savant. Vous adoptez le système de Copernic quant au mouvement de *rotation diurne* de la terre ; il est vrai que vous ne pouviez faire autrement : sous ce rapport vous n'êtes pas *anti-Copernic ;* l'évidence patente s'y opposait. Mais, pour le *mouvement de rotation* autour du soleil, mouvement tout aussi manifeste que le premier, vous vous refusez à l'admettre : selon vous, le Tout-Puissant a pu faire tourner la terre sur elle-même, et vous ne pouvez croire qu'il ait le pouvoir de lui faire parcourir l'écliptique en une année. Convenez que ce n'est pas logique.

Afin d'avoir l'occasion de fabriquer un petit système, presque en oppositon et presque d'accord tout à la fois avec ceux de Ptolémée et de Copernic, vous vous êtes imaginé de faire jouer au soleil le rôle de la terre, et de lui

[1] Tous les peuples de l'antiquité, même les plus éclairés, excepté Pythagore et ses disciples, ont cru que le soleil tournait autour de la terre; tous les plus grands philosophes modernes, sans exception, le croyaient aussi il n'y a pas trois cents ans; tous les enfants le croient encore aujourd'hui sur la foi de leurs mères et de leurs bonnes, et tout le peuple ignorant et grossier le croira toujours, ou du moins longtemps encore, car les expressions ordinaires du *lever* et du *coucher* du soleil, employées dans l'usage familier, même par les astronomes, pour s'accommoder à ses idées étroites, ont contribué à entretenir cette erreur, et il faut convenir que le premier témoignage de nos yeux lu est aussi favorable.

faire exécuter le voyage annuel qu'elle-même fait réellement dans l'espace d'une année autour de ce globe de feu. Mais je remarque avec satisfaction que, pour faciliter au soleil cette nouvelle fonction, vous l'avez préalablement dépouillé, pour le rendre plus léger et lui donner moins de besogne, de son énorme volume et de son immense éloignement, afin de vous conformer aux lois de l'optique; parce que, l'ayant réduit à l'exiguïté, vous saviez qu'il serait devenu presque invisible à nos yeux, et qu'il n'aurait pu remplir ses fonctions bienfaisantes à notre égard. Nonobstant toutes ces précautions, cependant, pour l'aider dans ce lourd et rude labeur imposé à un corps d'*un mètre de diamètre*, vous avez eu la sage prévoyance de lui donner deux satellites de la grosseur monstrueuse d'une *bille* de billard! Si ce n'est pour provoquer le rire que vous avez écrit ces absurdités, véritable parodie d'un système admirable, je ne puis m'empêcher de dire qu'elles sont pitoyables, tout en vous recommandant sérieusement d'abandonner la sphère armillaire, avec laquelle vous avez fait vos *ingénieuses découvertes*, et de reprendre votre Bréviaire, sur lequel vous devez être sans doute beaucoup plus fort. A chacun sa spécialité.

Je pourrais multiplier à l'infini les arguments contre votre prétendue découverte; il me serait facile d'accumuler les preuves de la fausseté qui règne depuis le commencement jusqu'à la fin de votre *savant* opuscule; mais je m'arrête, je crois en avoir assez dit, et même trop dit; car, si la vérité est dans votre singulier système, ma critique sera impuissante pour le détruire; s'il est faux, absurde et ridicule, comme je pense l'avoir prouvé, en dire davantage serait superflu.

FIN.

L'HÉLIOPHILE

L'HÉLIOPHILE[1]

J'aime le soleil, parce que, par son éclat et sa majesté, il est l'image la plus parfaite de Dieu pour notre monde planétaire; car chacune des étoiles est un soleil plus éloigné de nous, fait pour éclairer d'autres mondes habités comme le nôtre. Laissons aller notre pensée dans l'immensité de l'espace, et voyons cette quantité innombrable de soleils et de mondes tous soumis à la même loi. Celui qui les gouverne tous, à qui tous obéissent, est le Dieu qu'il faut adorer; car il est tout-puissant celui qui a prescrit à l'univers son ordre parfait, aux nombreuses planètes leur course régulière, à la nature entière ses mouvements divers, ses lois éternelles.

J'aime le soleil, la plus frappante des merveilles de la nature; mais ce bel astre n'est sorti des mains de l'Être créateur que pour lui obéir en donnant sa lumière au monde, et celui qu'obscurcit un nuage et ne saurait éclairer une moitié de notre globe sans laisser l'autre dans la nuit,

[1] De ἥλιος (*hêlios*), soleil, et de φιλέω (*philéô*), j'aime.

n'est point le Dieu de l'univers comme quelques peuples l'ont pensé. La mer, les fleuves, les montagnes, etc., tout cela, comme le soleil, tient sa place dans la nature ; mais tout cela ne fait qu'obéir et servir. Adorons celui qui commande : il est la justice et la bonté même, et l'unique devoir de l'homme est de lui ressembler.

Oui, je t'aime, ô soleil, astre resplendissant, magnifique flambeau de la terre, parce que ton éclat même m'annonce ton créateur ; c'est lui qu'il faut adorer : il est dans tout l'univers ; sa grandeur le remplit : son incompréhensibilité disparaît presque en ta présence,

Car, lorsque je te vois, j'admire son ouvrage
Et reconnais en toi sa radieuse image.

Ame de notre univers, toi qui, du haut des cieux, ne cesse de verser au sein de la nature, dans un océan de lumière, la chaleur, la vie et la fécondité ; ô soleil, dont le trône sublime brille d'un éclat éblouissant, avec quelle imposante majesté tu domines dans le vaste empire des airs ! Quand tu parais dans ta splendeur et que tu agites sur ta tête ton diadème étincelant, tu es l'orgueil du ciel et l'amour de notre petite terre.

Que sont-ils devenus ces innombrables points lumineux qui parsemaient l'immensité du firmament ? Ils n'ont pu soutenir un rayon de ta gloire. Si tu ne t'éloignais pour leur céder la place, ils resteraient ensevelis dans l'abîme de ta lumière ; ils seraient dans le ciel comme s'ils n'étaient pas.

O délices du monde, que ton réveil est beau ! quelle magnificence dans l'appareil de ton lever ! Quel charme répand ton brûlant regard ! il dissipe rapidement l'obscurité qui enveloppait les cieux. Quelle dût être la joie de la nature, lorsque tu l'éclairas pour la première fois! Elle s'en souvient encore, et jamais elle ne te revoit sans en tressaillir.

Ame de notre système planétaire, toi, dont la flamme féconde éclaire notre glode! sans toi, le vaste océan n'était qu'une masse immobile et glacée; la terre qu'un stérile amas de sable et de limon; l'air qu'un espace ténébreux: tu pénétras les éléments de ta chaleur vive et stimulante; l'air devint fluide et subtil, les ondes souples et mobiles, la terre fertile et vivante; tout s'anima, tout s'embellit: ces éléments, qu'un froid repos tenait dans l'engourdissement, firent une heureuse alliance; le feu se glisse au sein de l'onde, et l'onde, divisée en vapeurs, s'exhale et se filtre dans l'air; l'air dépose au sein de la terre les germes précieux de la fécondité. La terre enfante et reproduit sans cesse les fruits de cet amour sans cesse renaissant que tes rayons ont allumé.

O superbe soleil, âme de notre monde! tu n'es pas seul l'auteur de tous les bienfaits que tu répands sur les hommes; tu n'es que le ministre d'une cause première, d'une intelligence supérieure : tu obéis à la volonté d'un être invisible, suprême et incompréhensible, et tu accemplis sa loi immuable; mais tu es sa plus éclatante image pour notre monde planétaire, dont tu es la splendeur.

Ainsi, des noirs frimas au ciel le plus ardent,
Et du berceau du jour aux portes d'Occident,
Loué par le regret et la reconnaissance
Tout bénit tes bienfaits et pleure ton absence.

Œil de notre univers et cœur de notre ciel, régulateur des planètes, lustre de la terre, flambeau du jour, père du mouvement, source féconde de lumière et de vie, bel astre qui brille d'un éclat sans pareil ici-bas et dont nos faibles yeux ne sauraient soutenir les éblouissants regards, nous ne voyons rien de si glorieux que toi, ni rien de si digne de notre admiration, lorsque nous jetons la vue de tous côtés sur les objets charmants que toi seul nous rend visibles. Tu es souverainement beau par toi-même ; tu embellis toutes choses, et rien ne peut t'embellir. Tout ce que les corps lumineux soumis à ton empire ont de brillant et de splendeur, ils l'empruntent de tes rayons. Ce sont ces beaux rayons qui peignent les lambris des cieux et les nuages de l'air de mille couleurs différentes; ce sont eux qui dorent le sommet des montagnes et la vaste étendue des plaines ; ce sont eux qui chassent les noires ombres de la nuit, servent de guide à tous les animaux ; ce sont eux enfin qui leur font voir tous les objets que tu éclaires. Lorsque tu commences à paraître sur notre horizon, tout se réjouit de ta venue, et rompt un morne silence pour te saluer au réveil.

Notre terre parcourt son immense orbite autour de toi et fournit tous les ans sa vaste carrière dans les cieux pour nous marquer les temps et les saisons d'un mouvement juste et réglé. Lorsqu'elle s'approche de toi, toutes choses se renouvellent et prennent un éclat nouveau : la nature, comme percluse par les neiges et les glaçons, rompt ses liens et ses chaînes à l'aide de ta chaleur vivifiante : alors la terre se couvre de verdure, et tu la parsèmes de fleurs et la couvres de fruits que tu mûris par tes douces influences, afin d'en nourrir les animaux des champs, les oiseaux des airs et les poissons des eaux. C'est de ta bonté céleste et divine qu'ils tirent toute leur subsistance, comme ils en ont reçu la vie.

Ame de notre monde, tu animes toutes choses et rien ne peut se mouvoir sans toi. Quand nous nous éloignons de toi selon l'ordre des saisons, tout sent les fâcheux effets de ta distance, tout se ternit, tout devient triste, et notre globe se couvre de deuil. Tu étends tes bienfaits sur tous ses habitants; mais tu ne favorises pas également tous les peuples et tous les climats : quelques-uns n'ont qu'un faible usage de ta chaleur et de ta lumière et se voient le plus souvent plongés dans les horreurs de longues et tristes ténèbres et dans les rigueurs des hivers, où ils languissent et soupirent dans l'attente de ton retour. Ils ont des preuves très-sensibles que tu es la source de tous les biens ou du moins le canal favorable par où coulent jusqu'à eux les bienfaits du Grand-Être qui t'a créé et te soutient, et dont tu n'es qu'un des nombreux et glorieux ministres.

Mais ceux qui, comme les habitants de notre zone tempérée, jouissent d'un plus doux aspect de ton disque radieux et voient toujours leurs champs couverts de fleurs et de fruits, te doivent bien plus d'amour et de reconnaissance.

Si quelquefois, des humides vapeurs absorbées par la force aspirante de tes rayons, tu formes des nuages épais qui nous voilent ta face lumineuse, ce n'est que pour les résoudre en pluies rafraîchissantes et en douces rosées, qui engraissent et fertilisent nos plaines, nos vallées et nos coteaux. Quelquefois aussi tu convertis ta chaleur bénigne, qui fait croître et mûrir nos fruits, en feux ardents qui les hâvissent et les brûlent; d'autres fois encore tu changes les douces rosées de l'air en pluies impétueuses et en grêles bruyantes qui détruisent les richesses de nos arbres et de nos guérets; tu tournes les tièdes haleines des zéphirs en tourbillons et en orages épouvantables, et entasses les nues obscures les unes sur les autres, en élevant des brouillards épais qui nous dérobent ta lumière, et au lieu de tes regards propices, tu envoies des éclairs éblouissants et fais gronder le tonnerre et jaillir la foudre formidable.

Soleil éblouissant, source de vie, dispensateur des bienfaits du Créateur, ô bel astre, tu éclaires, échauffes et vivifies notre globe terrestre et les autres planètes qui gravitent et décrivent autour de toi leurs orbes mesurés : mais tu n'es pas seul pour éclairer le grand univers ; les étoiles fixes sont semblables à toi : elles ont une lumière qui leur est propre ; elles sont aussi volumineuses et aussi éclatantes que toi ; elles éclairent comme toi une petite partie du grand tout. Ta chaleur et ta lumière, quoique immenses, ne peuvent suffire à échauffer et à éclairer le monde universel qui est sans bornes. Cette multiplicité de soleils et leur égalité sont choses incompatibles avec la divinité suprême, qui doit être une et ne peut souffrir d'égale.

O soleil, miroir divin, tu es un des ministres de l'Éternel, qui n'est visible qu'aux yeux de l'esprit ; c'est pourquoi de tout temps le vulgaire t'a reconnu et adoré comme le maître du monde, parce que les choses sensibles frappent davantage que ce qui est invisible et spirituel, et par conséquent incompréhensible.

Père de la nature, ô lumineux soleil !
A ton aspect je crois en un Dieu sans pareil,
Non pas en fétichiste, adorateur ignare,
Esclave de son culte ou stupide ou barbare,
Mais en homme éclairé qui sent au fond du cœur
Qu'aimer la créature est plaire au Créateur.

Ce 10 avril 1854.

FIN.

TABLE DES MATIÈRES

FIN DE LA TABLE.

PARIS. — TYP. SIMON RAÇON ET COMP., 1, RUE D'ERFURTH.

www.ingramcontent.com/pod-product-compliance
Ingram Content Group UK Ltd.
Pitfield, Milton Keynes, MK11 3LW, UK
UKHW022113260726
13993UKWH00001B/497